卢 卡 奇 著 作 集

复旦大学马克思主义学院资助出版

【匈】格奥尔格·卢卡奇——著

李怀涛　燕宏远——译

审美文化

CCTP

中央编译出版社

Central Compilation & Translation Press

图书在版编目（CIP）数据

审美文化／（匈）格奥尔格·卢卡奇著；李怀涛，
燕宏远译. —北京：中央编译出版社，2025.1
ISBN 978-7-5117-4778-5

Ⅰ. ①审… Ⅱ. ①格… ②李… ③燕… Ⅲ. ①审美文
化 Ⅳ. ①B83-0

中国国家版本馆 CIP 数据核字（2024）第 109122 号

审美文化

策划统筹	张远航	
责任编辑	郑菲菲　陈婷婷	
责任印制	李　颖	
出版发行	中央编译出版社	
网　　址	www. cctpcm. com	
地　　址	北京市海淀区北四环西路 69 号（100080）	
电　　话	（010）55627391（总编室）　　　（010）55627340（编辑室）	
	（010）55627320（发行部）　　　（010）55627377（新技术部）	
经　　销	全国新华书店	
印　　刷	北京文昌阁彩色印刷有限责任公司	
开　　本	880 毫米×1230 毫米　1/32	
字　　数	125 千字	
印　　张	6.5	
版　　次	2025 年 1 月第 1 版	
印　　次	2025 年 1 月第 1 次印刷	
定　　价	68.00 元	

新浪微博：@中央编译出版社　　**微　信**：中央编译出版社（ID: cctphome）
淘宝店铺：中央编译出版社直销店（http://shop108367160.taobao.com）
　　　　　　（010）55627331

本社常年法律顾问：北京市吴栾赵阎律师事务所律师　闫军　梁勤
凡有印装质量问题，本社负责调换。电话：（010）55627320

出版前言

匈牙利当代思想家格奥尔格·卢卡奇（1885—1971）是 20 世纪具有世界声誉的马克思主义哲学家、美学家和文学评论家，曾被誉为西方马克思主义的创始人。遗憾的是，时至今日仍有相当一部分卢卡奇的经典著作尚未被翻译成中文，以致国内的卢卡奇研究大多是在涉及的文献比较有限和译文质量较成问题的中文译本的基础上进行的。鉴于卢卡奇在马克思主义发展史上的重要影响和地位，也为了进一步在深度和广度上推进我国的马克思主义研究，复旦大学马克思主义学院筹划编辑、翻译的一套比较完整系统的 12 卷《卢卡奇著作集》将陆续出版。

《卢卡奇著作集》包括卢卡奇从 1911 年起直至 1971 年逝世为止的重要论文和著作等文献资料。与以往的一些译本相比，本著作集的内容将更加丰富和系统。

本著作集主要依据的底本是历史上曾出版过的卢卡奇著作德文版、匈牙利文版以及新近发现的诸文稿，并适当参照了其他外文译本和现有的中译本。本著作集对卢卡奇的经典论著做了适当选编，这些论著本身是具有完整性的。各卷次拟安排如下：

第 1 卷《现代戏剧发展史》

第 2 卷（上）《心灵与形式》、第 2 卷（下）《审美文化》

第 3 卷《小说理论》

第 4 卷《历史与阶级意识》

第 5 卷《列宁、布鲁姆提纲》

第 6 卷《现实主义与文学理论》

第 7 卷《两个世纪的德国文学》

第 8 卷《青年黑格尔》

第 9 卷《理性的毁灭》

第 10 卷《社会主义与民主化》

第 11 卷《审美特性》（3 册）

第 12 卷《谈社会存在的存在论》（3 册）

鉴于各卷册编辑、翻译进度不一样，在初次出版时，没有标明具体卷册。我们的编译工作得益于国际卢卡奇协会主席吕迪格尔·丹耐曼（Rüdiger Dannemann）博士的鼎力支持。他多次帮助解决重要难题，并参与商定编辑和翻译这套著作集。

本编译项目得到复旦大学马克思主义学院的经费资助，特此说明。

中央编译出版社

2024 年 9 月

关于《卢卡奇著作集》
中译项目的致辞

在卡尔·马克思和马克思主义传统历经多年的遗忘和排挤①之后，作为 20 世纪最重要的马克思主义哲学家的格奥尔格·卢卡奇的思想研究，如今终于在一定程度上有所复兴。更为重要的是，现在这方面再添创举，中国将出版这位匈牙利理论家的比较全面的著作集。

从中文版《卢卡奇著作集》的选文范围和翻译水平来看，这是一个勇气与志向兼具的项目。该项目的编译难度之大，仅从德语著作集的出版历史即可管中窥豹，它的时间跨度超过半个世纪，并曾经历出版停滞和中途更换出版

---

① 至少对所谓的西方世界来说是如此。对此，可参阅以下书中编者序言：Rüdiger Dannemann，Axel Honneth（Hg.）：Ästhetik，Marxismus，Ontologie. Ausgewählte Texte. Berlin：Suhrkamp 2021。

商等阶段①。

我谨代表国际卢卡奇协会，祝愿业已开启的《卢卡奇著作集》中译项目能够排除编辑、翻译和出版中的重重困难，取得丰硕成果，尤其是在对格奥尔格·卢卡奇感兴趣的中国公众和学者中获得应有的共鸣。

该文集将成为一百多年来国际卢卡奇接受史②以及马克思主义哲学史上的一个里程碑。这不仅是进行必要的批判性自我反思的出发点，也是对寻求我们21世纪现存问题的理论解答的启发。

吕迪格尔·丹耐曼

2021年11月，德国埃森

（吴鹏 译）

---

① 参阅 Rüdiger Dannemann: Eine halbe Ewigkeit. Happy End: Nach 60 Jahren ist die deutsche Werkausgabe des Philosophen Georg Lukács abgeschlossen. http://www. neues-deutschland. de/artikel/1149551. georg-lukacs-eine-halbe-ewigkeit. html。

② 简短概述可参见 Rüdiger Dannemann: Umwege und Paradoxien der Rezeption. Zum 50. Todestag von Georg Lukács. *Zeitschrift für marxistische Erneuerung*, 2021, H. 126, S. 97 – 109。

译者序

卢卡奇（1885—1971）是匈牙利著名的思想家、哲学家、理论家、文学评论家、美学家，也是公认的西方马克思主义首位创始人。他出生在匈牙利首都布达佩斯一个富裕的犹太人家庭里，他父亲是匈牙利信贷银行的行长，于1849年获得贵族封号。卢卡奇的母亲阿黛尔，出身于维也纳贵族魏尔特哈穆家族，在那里接受了良好的教育，婚后与子女们用德语交谈。虽然卢卡奇出身于资产阶级阶层，但他却接受过各种各样的思想，尤其是一些进步学者的观念，历经研究与深入思考，参与各种学术团体和1919年匈牙利革命的成败，并体验了曲折磨难，终于走上马克思的道路。尽管他曾经在自己所在的党内受到多次批判，后也终于得以平反，且受到高度评价，但他仍旧是一位有些争议的名人。而他最后的遗言仍然坚信，"真正的马克思主义是唯一出路。"[①]这是难能

---

① 见《卢卡奇自传》，杜章智等编译，社会科学文献出版社，1986年，第48页。——译者注

可贵的，更是很值得研究的重大理论难题。

卢卡奇走向马克思的道路，可以说基本上都是向上的，但也是极其复杂的。这经历了几个重要的发展和转变阶段：早期的戏剧评论阶段，随笔或杂文阶段，转向黑格尔阶段，向马克思主义转变阶段，马克思主义成熟阶段，在苏联的十年阶段，回到匈牙利故乡和最后的岁月阶段等。

在"审美文化"这一题名下编入这一本书中的诸篇论文，是卢卡奇紧随《心灵与形式》①（1908—1910）之后直至1914年写《小说理论》之前撰写的以《审美文化》为突出代表的一系列短篇论文（或随笔）和评论。这些创作都可以算作卢卡奇进一步深入研究社会和文化问题后在思想上得出的新论断和向马克思思想逐步转变的新进展。

《审美文化》中诸篇作品是卢卡奇于1910年10月完成《心灵与形式》这一"天才著作"之后的名篇。其中以《审美文化》《安德烈·奥第》《托马斯·曼的小说〈国王的神圣〉》等篇更为杰出，其他各篇也都具有不可忽视的学术创新价值。

正如卢卡奇自己说的那样，1906年奥第《新诗集》的发表对他产生了决定性的影响。这是匈牙利文学中第一部

---

① 这里的"形式"卢卡奇使用的是德文加定冠词的复数"die Formen"，且从卢卡奇的真实意思来看，是强调他所阐明的形式的多样性，故才有《心灵与诸形式》。这是卢卡奇早期重点研究心灵种种表现的具体"形式"的一个重要范畴，如戏剧、随笔、评论、小说等。所以译为"诸形式"更准确些，不过译为"形式"也可以。——译者注

能够使他找到返回匈牙利道路并被他看作是他自己的一部分的作品。卢卡奇认为，奥第是"一个认为革命对他自己的自我实现不可缺少的人"，从而成为卢卡奇"一生的转折点之一"，是他"真正文学活动的开始"①。

卢卡奇在这些文章的前言中就指出："文化的发展部分地反映在问题正在向下推移，变得民主些。虽然伟大的哲学家们没有被准确地读懂，但是他们提出的问题有一小部分正变成为公共财富。"接着他在《审美文化》开始处明确断言："如果有一种现今的文化，它就只能是审美文化。"而文化呢？"文化就是：生活的统一，提升生活的统一的力量会丰富生活本身。"所以，"每一种文化都是对生活的征服，是所有生活表现的巨大统一。"而"审美文化的核心就是：情绪。它是最常见的（即使不是唯一的，而且远非最深刻的和最重要的）对艺术品作出反应的方式"。"审美文化就是生活的艺术，就是来自生活的一种艺术。所有东西在独特自主的艺术家的手里都只是物质而已，不管他是在作画、写诗，还是在生活。"

值得注意的是，卢卡奇这时已经看到，"有人可能寄希望于无产阶级，寄希望于社会主义"。不过，他也看到，"迄今为止我已经经历了的东西并没有预示着许多好事。社会主义似乎并没有那种满足整个心灵的、虔诚的力量——

---

① 见《卢卡奇自传》，杜章智等编译，社会科学文献出版社，1986 年，第68、69 页。又见《卢卡奇自传》，中央编译出版社，2023 年，第83、85 页。——译者注

它曾经存在于原始基督教中。"卢卡奇已经看出文化的内部问题，因此，"逃逸到社会主义里去是一种内部崩溃（Débacles）的证明"。故此，卢卡奇指出："美学家把形式的概念运用于生活，审美文化是对心灵的塑造"，是"从现实的混乱中，从经历的诸事件中，不断将其最真实的本质提纯出来"。而心灵的塑造是什么呢？心灵的塑造就是："使之成为真正个体的；可是，成形的雕像使它超越了真正的个体。这就是为什么这样的生活就是示范性的。堪称典范，是因为一个人的实现意味着所有人都有实现的可能性。"

颇为难得的是，这时卢卡奇写道，"我现在想到的主要是自然科学和人文科学（例如马克思主义）的某些成就，在时间上它们是首先出现的。因为这些成就最先带来了对主观主义的、印象主义的生活观的否定：事物之间明确的和可控的论断和秩序。"这是卢卡奇对马克思主义的又一次明确肯定。

《安德烈·奥第》①是卢卡奇特别重视的篇章。卢卡奇在《自传》中曾经说过，由于他当时"憎恨匈牙利封建主义的残余，在这些基础上发展的一切形式的资本主义。（1906年奥第的《新诗集》。）对我的有力促进：能够真正称作'新'的东西的原则"。②所以，他在《安德烈·奥第》一文中揭示

---

① 安德烈·奥第（Endre Ady，1877—1919），他那个时代最伟大的匈牙利抒情诗人。生于破落的贵族家庭。1903年出版《再来一次》（*Megegyszer*）显露出卓越的才华。1906年发表《新诗集》。——译者注

② 见《卢卡奇自传》，杜章智等编译，社会科学文献出版社，1986年，第23页。——译者注

了当时匈牙利旧社会"需要革命"的实际现状：

> 奥第的匈牙利诗篇源于这个被剥夺了革命的革命主义精神世界。这种感觉在他的早期诗作之一（《新诗集》中的《沼泽地上的愿景》）中就已经得到一种纯粹的表达：他，安德烈·奥第，现今的匈牙利人，需要革命。他需要它，因为它的时代已经到来，不是因为它会有益，它会带来新的价值和根除旧有垃圾，而是因为他需要它，以便他能够继续活下去，以便他能够在某个地方移植他无根的爱，以便他能够把在他心中扎根的财富传递给某一个人和某一个地方。他的生活必定在某一个地方找到一种形式。

卢卡奇在此文中认为，如果没有奥第，人们必定会虚构出他。"奥第首先是匈牙利诗歌的奥第，是没有发生革命的匈牙利革命者的诗人。""因为在匈牙利，革命只是一种精神状态，是无尽的孤立所造成的绝望甚至可以找到表达的唯一积极的形式上的可能性。这仅仅是一种精神状态，仅仅是一种渴望，也就是说是很强烈的和一种很独特的渴望，即对于这种精神状态来说，实际上没有什么东西与之相对应，而且甚至在想象中也不能在其中找到什么真正可把握住的东西，没有什么东西能够与一种，即使是乌托邦的现实性联系起来。"而"奥第的匈牙利诗篇源于这个被剥夺了革命的革命主义精神世界"。卢卡奇引用奥第把革命比喻为"红太阳"的诗句："旧时传下来的厄运会让我们长久沉溺在深重魔咒中吗？……升起来吧，展现光焰，火红的太阳……"卢卡奇认为，"奥第的社会主义……是一个溺水者的呼救声。"为此，奥第写道："你们的血液新鲜并且信仰伟大……：前进，前进，匈牙利的无产者！"卢卡奇认为，谈论此事没有什么可怕。"奥第与社会主义关系如何，谈论这种事是没有用的；社会主义在这里仅只是形式而已，是他的感觉在其中找到的一种形式。"所以，"一种全新的匈牙利神话也已经在他的匈牙利诗歌中形成了。""奥第就是一切以及一切的反面；他的抒情诗使任何一种情绪永驻。"在卢卡奇看来，奥第的诗篇，"今天的每一首诗只是一种宏大的、简单的、包罗万象的、大度的姿态。"卢卡奇最后断言："所以，30岁的安德烈·奥第是最坚强和最自信的匈牙利作家，他指出走向未来之路。他的——最深刻的——永恒的抒情诗，既是社会效应唯一重要的诗歌，也是最具人性震撼力和形式感的现今匈牙利诗作。"正因如此，卢卡奇后来说道，他与奥第"这些诗歌的接触是我一生的转折点之一"，"我整个一生都是非常爱慕奥第的"。①

在随后的《丹尼尔·约普的叙事作品》里，卢卡奇看到约普对一些人"心灵上的根本发掘"，而这些人有的只是"失望"和"毁灭"。因此，约普的诗歌是"安德烈·奥第

---

① 见《卢卡奇自传》，杜章智等编译，社会科学文献出版社，1986年，第69页。——译者注

匈牙利诗歌的一种新释义",是"一种最后清算的抒情诗"。
虽然"每个人都渴望伟大的奉献,渴望不再孤单的伟大瞬
间",但是,这些伟大的瞬间都在"欺骗","它们必定使每
个人都失望",其结果,都"遭到了失败"。而约普的中篇
小说则是"堕落的悲剧"。在卢卡奇看来,像奥第一样,约
普同样也是对当时匈牙利社会堕落的尖锐揭露和批判。

卢卡奇在《托马斯·曼①的小说〈国王的神圣〉》中高
度评价这部小说,他颇有深意地指明:托马斯·曼的这部
小说也像《布登勃洛克一家》一样是"一部走向衰落的史
诗"。"托马斯·曼的每篇著作都谈论衰败,而这部宏大的、
平静的、将单调风格化的、编年史般的史诗最完美地表达
了这一点。托马斯·曼的语调是一种真正史诗的语调,如
同今天最多仍是塞尔玛·拉格洛夫②和亨利克·蓬托皮丹③
的语调,可在他的著作中,这部史诗及其整个宏伟场
面——比他们更加有意识—— 是今天所看到的结果。我说:
托马斯·曼看到走向衰落的趋势;他在静止的表面后面看
到了肉眼所看不到的工人们——他们实施破坏的工作,他

---

① 托马斯·曼(Thomas Mann, 1875—1955),德国著名小说家,1926 年
获得诺贝尔文学奖。1933—1938 年住在瑞士,后迁居美国,1944 年入美国籍。
他的第一部小说《布登勃洛克一家》(1901)描写德国一个资产阶级家庭的兴
衰史,被公认为当代文学中的经典作品。《魔山》(1924)反映第一次世界大
战前资产阶级的病态生活。——译者注

② 塞尔玛·拉格洛夫(Selma Lagerlöf, 1858—1940),瑞典女作家,曾
荣获诺贝尔文学奖,与安徒生齐名的儿童文学大师。——译者注

③ 亨利克·蓬托皮丹(Henrik Pontoppidan, 1857—1943),丹麦现实主义
文学的代表人物,世界上第一位诺贝尔文学奖得主。——译者注

能够如此看到和描写一个人生活里的一天，以至于我们必定从简单、客观描写的小事件的进程中有所感觉：正在走下坡路。并且，伟大的即强大的时刻只是一种提升，即对一些东西的认知，而我们似乎没有意识到它，或者我们完全没有承认过它的存在，在心底里却已经做了准备。托马斯·曼看到万事与万物的相互关系；在他的著作里，最小的事物实际上都在标志着生活的状况，但是并非是——像左拉那样——令一个用浪漫色彩勉强风格化的小事变成整个生活的象征，而是大致如此，以至于整个生活实际上全然由这样的小事情来组成，如果其中的某一小事——偶然地——由于过往岁月千重类似的小事情而引发的感觉——这些感觉已经很长时间都期待着爆发，这个小事件就成为整体的象征；以至于当其中一个重复——又是偶然地——经常且明显地出现时，我们同样将其视为象征。这正是灰色单调的宏伟，即无限单调和琐事的宏伟；并且它是一种感觉，即构成了真正的小说的、几乎无法一目了然之数量的、小的和灰色的事件，它们只是生活本身无限单调的极小部分，这些细小事件使得单调具有了无限性、宏伟性。而这些事情被讲述的方式还更多地强调了这一点：恰恰是通过不强调事物，由于按年代顺序用干巴的严肃态度和不带主观色彩的态度来叙述它们，没有强调，没有突出一些东西，甚至把最小的事情也看作是重要的。"

卢卡奇从托马斯·曼的诸著作中，敏锐地看出"正在走下坡路"，"正在衰落的市民城市贵族依然存在：随着雄厚资产缓慢转移的贵族气质"。这正是卢卡奇的可贵之处。

卢卡奇在《补遗》中看到德国作家保尔·恩斯特（Paul Ernst，1866—1933）的事业中有一种"指向了美好的未来"的文化，而激励他的是"唯一一位在社会主义作为中心文化力量的推动下没有被推向无方向的个人主义的人，倒不如说，这种个人主义反而让他的一切都保持活力，成为即将到来的事物的有机组成部分"。他"期望它的唤醒者去过一种新生活"。也许，这些正是卢卡奇此后不久就转向马克思主义和社会主义的思想预兆。

卢卡奇在评价马萨里克①的《论俄国的历史哲学和宗教哲学》一文中指出：马萨里克在文体上的失败只是他在方法上不清楚的后果，虽然他的表述"试图把所有观点都统一起来"，但"没有达到完美的和谐"。不过，马萨里克很正确地认识到19世纪俄国精神生活有决定性的诸趋势中的一种趋势："一种温和的主观主义"。这似乎就是指托尔斯泰的学说。马萨里克也追求德国、英国和法国的影响的特有混合。卢卡奇引用马萨里克的话："道德进步在于……作为专制主义的神权贵族统治曾经是，而且现在本质上仍然

---

① 托马斯·加里格·马萨里克（Thomas Garrigue Masaryk，1850—1937），捷克哲学家和政治家。从1882年起为位于布拉格的查理大学教授，1884—1893年领导由他创立的科学批判杂志"Athenäum"。1918—1935年任捷克斯洛伐克总统。主要著作有：《道德的人道原则》（1883）、《试论具体的逻辑学》（1886）、《马克思主义哲学和社会学基础》（1899）、《论俄国的历史哲学和宗教哲学》、《俄国与欧洲》（两卷，1913）、《世界革命》[（1914—1918）和（1925），德文版1927年]。——译者注

是暴力的和施暴的，并且因此民主与之斗争是正确的。革命可以是正确的和必要的手段之一，并且同样的革命在伦理上都是正当的，它可以成为合乎伦理的职责。"卢卡奇同时也看到，马萨里克"不能公正对待俄罗斯的两个极端中的任何一个：无神论和东正教、恐怖主义和专制"，是"一位温和的自由思想家，以最真诚的努力来公正地对待每一种倾向，而且没有陷入狭隘的狂热主义，可是正是因为如此，他缺少对这两个思潮内在的、直观的理解"。卢卡奇最后指出："如果我们把这本书看作19世纪俄国思想史而不是将其理解为关于俄国历史哲学的随笔，那么我们感到它就显得是十分重要的和有价值的。但是，正因为对马萨里克的人格和成就有这种高度评价，我们感到不得不根据这本书本身的要求进行批评，以便确定它在这一点上的失败之后才着重指出，他确实——从这个角度看——顺便取得了许多、更重要的成就。"

卢卡奇在《贝内德托·克罗齐：〈论历史学的理论和历史〉》一文中又进一步谈到文化，并指出："每个国家的每一门文化科学都在独自发展着，即使它们研究的是同样的问题，由于概念形成的传统有别，它们往往很难相互有所了解。因此，从另一个民族的科学需求和走向的角度来关注发展路线，总是意味着视野的扩大，把新的'事实'纳入我们考虑之列的综合体中。"使卢卡奇特别惬意的是，克罗齐"不仅比这里更清楚地看到德国文化界丢掉的一些东西，而且面对德国作品的态度不仅比许多德国人更坦率、更公正，而且认知也更加丰富、更加根深蒂固、更加自然"。值得一提的是，卢卡奇赞赏克罗齐把历史定义为"当代的历史"，定义为"鲜活的历史"，因此，卢卡奇也进一步指出，历史的这种鲜活性"造就了它的对象，只有它所影响的才能成为历史的对象；所有其他的'现实'只有在这种鲜活性的作用下才能成为历史"。因为在他看来，"历史对象的广度和深度本身是历史的、变化的和相对的，并且永远不能声称是绝对的整体。"

更值得关注的是，卢卡奇在《贝内德托·克罗齐：〈论历史学的理论和历史〉》一文中高度评价马克思的"历史唯物主义，迄今为止最重要的社会学方法"及其"方法的划时代价值"，而"在马克思所说的意识形态问题中——诚然摆脱了其形而上学的概念化并在方法论上净化了它——存在着解决我在此指出之问题的路径，即对客观的精神科学在形式上受其自身公理制约的设定必然用具体内容来实现的认识"。这里可以说是卢卡奇对"历史唯物主义"的第一次明确表态，并对马克思的思想作出了比《现代戏剧发展史》中的更为肯定和准确的评价。可惜的是，以往人们对这些成果研究和理解得似乎还很不够，甚至连提都未提到过。依此，也许从中可以看出编辑出版卢卡奇这些作品的价值和重要性了。

卢卡奇在评论玛丽·路易斯·戈泰因的《园林艺术史》时肯定了戈泰因的重要成就就在于："她提出了关于古代园

林的尽可能清晰的而始终是（有意识地）假定的框架，并试图将其中显露出来的艺术意图与在时空上相应的直接了解的艺术作品和文化客体协调起来。"卢卡奇认为，有一种值得赞赏的贡献，就是"她以一种很精细的审美感觉，始终捕捉到了她的对象本质之所在，并用恰当而得心应手的节奏界定了对象与相邻领域的界限"。戈泰因"在很多地方都成功地得出了结论，而没有脱离历史的客观性和陈述的基调。这为园林未来历史的和审美的每个研究的进一步发展都奠定了不可动摇的基础"。当然，具有特别重大意义的是，该书指出"想在园林中漫游的英国人与坐在园林中享受的中国人的差别"。而很有趣的和引人入胜的是，"这里的基本意向就是统一；屋宇和园林的统一；屋宇为主而园林为辅，或者用原来意向的语言来表达就是：人居君位而自然屈居臣位。"这也就是欧洲人把诸艺术统一为统一的最终目标。而中国园林和日本园林有象征意义的一些例证是，"园林体现着'幽静隐居'、'易经'等等，中国的山石心理学理论，仅指出了所需寻求的方向，并且指明了这些园林的每一微小部分都是由与超验之事实有关的元美学的内容相关关系决定的。"

卢卡奇上述评论都透露出浓重的文化哲学，特别是审美文化的色彩。卢卡奇随后不久写的《旧文化与新文化》（1919）一文，对资产阶级旧文化和社会主义新文化作出了更为具体而明确的阐述。他表示，他之所以谈论文化，是"因为当我们正确把握一个时期的文化时，那么我们就在其中把握到并触摸到了该时期整体发展的根源，由此到达与我们进行经济情况分析时的同一出发点"。

而"资产阶级在哀叹资本主义社会秩序崩溃的同时，对于文化的衰落最为痛惜"。这实际上是"对于资产阶级的阶级利益的担忧"。卢卡奇明确指明："正是就文化的利益而言，迫切需要最终结束资本主义社会秩序漫长的死亡过程，以开辟通往新文化的道路。"

为此，卢卡奇进一步认为，给文化要下的定义就是，"文化（与文明相比）的概念包括与直接维持生活无关的全部有价值的产品和能力。例如，一所房子的内在美与外在美属于文化的概念，相反它的坚固性和取暖性等则不属于此。"

卢卡奇明确指出："任何一种旧的文化都是当时统治阶级的文化。只有统治阶级能够毫无维持生活的担忧，并将他们所有的宝贵能力服务于文化。即使这里——和在其他任何地方一样，资本主义也对整个社会秩序进行了彻底变革。它消除了社会等级特权，也废除了等级社会的文化特权。"他看到："资本主义与以前的社会秩序的本质区别性标志在于：在资本主义中，剥削阶级本身屈从于生产过程；他们本身被迫将其力量献身于获取利润，正如无产阶级被迫需要维持生活一样。"

卢卡奇认为："摆脱资本主义意味着摆脱经济的统治。文明虽然实现着人对自然的统治，但人自己也因此陷入那些给予了他机会统治自然的那些手段的统治之下。资本主义标志着这种统治的顶峰。在资本主义中，根本没有任何阶级由于其在生产中的地位而被赋予创造文化的使命。资本主义的毁灭，共产主义社会正是在这一点上抓住了问题的所在。它想建立这样一种社会秩序，在这种社会秩序中，每个人都被赋予这样一种生活方式，在资本主义之前的诸时期，只有统治阶级拥有这种生活方式；但在资本主义时期，没有任何一个阶级能处于这种情况。"

卢卡奇深刻地看到，"资本主义时代的每一种产品以及每一个生产者和创造者的所有能量，都披上了商品形式的外衣。一切事物本身不再因其本身内在（例如，艺术、伦理）价值而具有价值，而是只有作为可以在市场上出售或购买的商品才具有价值。这对任何文化的巨大破坏性，无论是表现在行为上，还是艺术作品创作上，抑或是制度上，其作用无须进一步分析。正如人从维持生活的担忧中独立出来，自由地利用他的力量，作为目的本身，是文化的人类性和社会性的先决条件，因此，文化所产生的一切，只有当它本身有价值时，才具有真正的文化价值。一旦它呈现出商品的特性，并且融入将其转化为商品的关系中时，它的自主性、文化的可能性就结束了。"

卢卡奇进一步谈到了，"对社会的共产主义改变意味着什么。它首先意味着经济对整个生活的统治的终结。因此，它意味着人与其劳动之间不合适的冲突关系（按照这种关系，人从属于生产资料，而不是生产资料从属于人）的终结。归根结底，这种社会秩序意味着对经济作为目的本身的扬弃。"而"对经济的统治，即对经济实行社会主义的组织，意味着对经济自主性的扬弃"。至于"如何在内容和本质上将创造出无产阶级社会的文化，这完全由变得自由的无产阶级力量来决定，就此而言，任何一种预先说什么的尝试，都是可笑的。社会学的分析所能做到的，无非是表明了这种可能性正在由无产阶级社会创造出来，而且正在创造出来的只是可能性"。这表明，卢卡奇对于如何创造出无产阶级文化持一种客观实事求是的态度。但他的突出之处正在于提出了这个问题。

由上述可以看出，正是卢卡奇在文化哲学和审美文化方面提出的这一系列新理念，才使得他被称为文化哲学的开创者之一和对西方左派、生存主义哲学以及批判理论等思潮产生一定影响的著名思想家。

更重要的是，卢卡奇的这些评论里显示出其广博的知识维度和对当时社会问题理解的敏锐和批判的深度，特别是对马克思思想、社会主义和无产者的鲜明肯定态度，这其中就隐含着不久之后逐步转向马克思主义、革命和社会主义的奥秘。

需要指出的是，由于卢卡奇本人从小生活在匈牙利，其母亲对自己的子女说德语，而父亲既说德语也说匈牙利语。所以，卢卡奇对德语和匈牙利语都是比较通晓的。所以，他更多地是从匈牙利文化中开始，后来则更多地是从德国文化中吸取了更多的营养和丰富的知识。恩格斯说过："文化上的每一进步，都是迈向自由的一步。"[1] 列宁也指

---

① 《马克思恩格斯选集》第 3 卷，人民出版社，1972 年，第 154 页。——译者注

出："不向资产阶级学习也能够实现社会主义，我认为，这是中非居民的心理。我们不能设想，除了建立在庞大的资本主义文化所取得的一切经验基础上的社会主义，还有别的什么社会主义。"①这里无疑显示出卢卡奇深入研究文化以及审美文化的意义和价值。

本书绝大部分译文由李怀涛教授和燕宏远教授从德文版分别译出，其中的《旧文化与新文化》由吴鹏译出。全部由燕宏远最后统稿，王宽相核对了原文，提出了多处修改建议，并共同最后定稿。以上各篇随笔与评论，除两篇曾经在国内书刊上发表过外，绝大多数篇章都是第一次从德文翻译过来的。此外，时晓博士也看了部分译文，提出了一些中肯的意见。中央编译出版社的张远航社长对译稿的出版作出了精心谋划，编辑陈婷婷博士仔细核对了德文原文，对此译文提出了很多的好意见，并作出了仔细认真的修改和编排。故特在此一并深表谢意。译者虽然十分认真并尽心地做了自己的工作，反复作了多次校对和修改，但是译文中难免仍会有某些理解上的偏颇、贻误或欠妥之处，恳请海内外学者批评、指正，特此致以衷心的感谢。

李怀涛　燕宏远

2024 年 4 月 29 日

① 《列宁全集》第 34 卷，人民出版社，2017 年，第 252 页。——译者注

目 录

1

关于那种模糊性的前言

    有些读者和批评者抱怨我至今出版的著作均模糊不清和难以理解，未能讨论关于人们是否理解或没有讨论某些东西的事实。问题仅在于，这种不理解是否由作家欠缺完备的表达方式所造成，或者真是由读者（和批评者）欠缺阅读能力所造成。也许这种不理解也是一种有意而为的写作方法所导致的必要的和被认可的后果。我不与相当大部分的批评者进行讨论——采用这样一种并非诚恳的方式似乎很容易。他们是不够细心的，而且用他们自己的话已经"明确地"表达了我"模糊不清地"写出的东西。因此，任何人只要从我的著作中理解了一句话，都会笑眯眯地把我文章中的"清晰"摘录放在一边，这些摘录可以是任何摘录，只是并不是出自我的著作。因为有人比如由于我研究形式难题而宣称我是神秘主义者，或者是浪漫主义者，因为我指出了浪漫主义人生哲学的内在矛盾，我真的没法同这样的人进行讨论。我只想直截了当地提醒他，有一些出色的哲学词典和小册子，在其中能够找到他所不熟悉的术语，并且至少能够了解难以理解的思想家的基本思想。可是，我没有时间处理成人教育问题，虽然我最为深信它的有用性和必要性。

由此，这个问题似乎已经说透了；因为我在这里收集到的著作（希望）将比其余的著作易于理解一些。这是一些随机著作，而且随着它们的一起发表，我不想赋予它们比其应有的还要大的重要性。一些随机著作意味着，我出于有些偶然出现的情况的动因已经曾试图检查我的一般观点的正确性。所以，我没有把我的工作扩大到全部内在丰富的客体或所研究的观点上，而是满足于确认诸种关系方面。因此，这些著作——由于有意识地采纳的唯一观点和尚未做完的研究——与我的其余著作相比较简单些。

但是，我不会错过发表前言的机会，将这少许文字作为对批评我的第一本著作的、那些敏感的且素有教养之人的回复，可是这次的行文却完全不受我的那本书所限了；仅仅作为哲学的必要"模糊性"的一般问题表述出来。黑格尔在某个地方①说道："哲学本质上是一些深奥的东西，既不是为平民而制定的，也不是为平民而制备的；哲学之

---

① 黑格尔的《论哲学批判的性质及其与哲学现状的关系》首次刊印在谢林与黑格尔共同编辑出版的《哲学批评》杂志第一卷第一篇，由图宾根的科塔出版社于1802年出版。该文本由黑格尔撰写，同时得到谢林的协助。——译者注

所以是哲学，仅仅因为它与知性相悖的，因此更是与正常人的知性相悖的，人们通过见识来理解人类一种性别的局部的和暂时的局限性；与此相关，哲学世界本身就是一个被颠倒的世界。"以此，这种"模糊性"的哲学定在的理由就被突显出来了（其中同时就总体而言也就包含了审美的即适当的表达的问题）。我以为，问题的本质核心就是如下的情况：在任何地方（就任何方面而言）似乎没有一种哲学是不"模糊的"。余下的问题只有在何处以及在何种程度上，为什么和对谁而言。那么，肯定就有"模糊的"和"明确的"哲学家。例如黑格尔就曾经是"模糊的"——叔本华就是这方面的见证人！——伏尔泰或詹姆士①，甚至叔本华本人都曾经是"明确的"。我认为，这似乎是攻击伏尔泰的"明确性"的一种低劣的口实。法盖②的美丽格言就指出了这一点，即"这是清晰理念的混乱"。而赫尔曼·凯泽林③——在一本新写成的深入研究叔本华的书中——则证明了他的体系之明确的和可看透的美只是建筑艺术的美，而且他的"明确的概念"只是像它照亮某一具体事物的时间里是明确的。较为深刻的关系及其真正的意义仍旧是完全不清晰的。进一步说，叔本华的幻想主义与他的意志形而

---

① 维利安·詹姆士（William James, 1842—1910），美国心理学家兼哲学家，美国心理学的奠基人。——译者注

② 法盖（Émile Faguet, 1847—1916），法国文学评论家、作家。——译者注

③ 赫尔曼·凯泽林（Hermann Keyserling, 1880—1946），德国哲学家。——译者注

上学或他的为生活所否定的意图毫无必然的联系。简而言之，叔本华的"明确的"和"纯粹的"形而上学充满了不明确性，恰好是模糊的。而且谁如果认为无限明确和进行纯粹写作的詹姆士是真正清楚的——谁就应该去读一读匈牙利的悼词！一位《复多万有》（*Pluralistic Univers*）和《人类不朽》（*Human Immortality*）的作者变成了激进的自由思想家。与此相反，我只想引用"不明确的"黑格尔用来作证，在他那里，甚至决不会争辩说他的体系是统一的。关于他，在热情追随者和充满仇恨的敌人之间，在涉及他的内容时，存在着一种奇妙的认同。但是，在评价这些内容时，诸对立自然就越发尖锐了（不过，黑格尔与此很少有瓜葛，正如从他的著作中能够得出的各种不同的政治结论那样）。我认为，在能够读黑格尔著作的人中间，有众多这样的读者，他们从他的"模糊性"中已经理解了某种确定的东西和明确的东西，他们是这样一些人，能够真正理解任何一位"明确的"哲学家。

问题是：谁会真正去读一位哲学家的著作？另外，谁能够阅读他的著作，并且读到什么程度呢？在这种关联中，必须与普遍存在的一种现代偏见作斗争。关键是，哲学之所以能够普及是因为哲学思维只是对日常生活的普通思考朝着最后的问题方向发展的延续。因此，偏见使哲学的遥远结果可以更接近我们（或者至少在"现代技术成就"的帮助下，用一些类似望远镜的辅助工具从近处进行观察）。简而言之，结果是可能的，而不必跑远路。可是，哲学思维并不是由延续日常思考来构成的，而是（我吁请从吠陀①至柏格森②的所有真正的哲学家作为我的见证人）在于突破日常思考，在于某种与之有质的区别的东西，某种"违反自然的东西"；而且，即使哲学思维的前提也只有用最大的努力，通过克服日常思考和日常生活习惯才能被创造出来。

所以，流行的、清晰的、容易理解的哲学是一种造假。因为哲学本质就不是由一些句子中能够概括出来的全部成果所组成的，而是思维的某种存在形式。如果我们离开（或择近路）走向哲学的道路，那么哲学的诸成果在内容上就在发生改变：它们并非概括，并非"科学的成果"，而是巅峰，是加冕；它们自身是完全空洞的。与此相适应，哲学的风格是用来筛选人们的一种过滤器：每一句话都是正被攻克之要塞的一位城堡守护者，他只有在知晓口令时才准许人们进入。因此，语句搭配也是服务于教育和考察，它们迫使读者努力让自己的整个思维发挥到哲学所确定的那个方向上去。因为一种富有成果的理解，只有读者经过内心的挣扎才能完成。我只是顺便想说明一下，每一种神秘的哲学所伴随的禁欲——即使是无意识的——都服务于这一目标：它准备让门徒走上通向哲学、通向智力考察、通向神秘狂喜、通向柏格森那样的直觉道路。任何哲学的

---

① 吠陀（Veda），意为"知识""启示"。——译者注
② 亨利·柏格森（Henri Bergson，1859—1941），法国哲学家，生命哲学代表人物之一。——译者注

整个沉重和模糊性都在为这一目标服务（然而，这一点并不一定变得是有意识的）。

"模糊性"的诸原因也与这种情况紧密相关。一个是"模糊"表达的含义难以找到，另一个是有关的表达都拥有多个含义。日常生活的语言通过其运用才变得明确起来（因为它由于实际之故必定是易于理解的）。所以，它刻意避免概念的尖锐性、敏感性和精确性：它追求感性的表达——指向它所涉及的东西。哲学思维只能在概念上进行，它不指向任何东西，因为没有它应该指向的东西。此外，它必须从自己本身中创造出它的单义性和明确性，它必须避免易于理解：它将是"模糊的"——只要围绕理解的斗争没有使读者置于思想家的心灵状态中，没有置于纯粹概念性的世界中。这种情况的最大困难在于——正如我的情况一样——谈论应用哲学的那些地方。在概念性回归生活的地方；因此，也就是生活必然是多义的地方，必须赋予其表达以单义的地方（这些表达仅仅在个别的实际运用中才是单义的）。在生活的层面上，这一点是不可想象的。"精致""深入"（及其后果——"模糊性"）是必要的，以便能够把这些观念强加到纯粹性、明确性的领域里去：强加到概念的形而上学的领域里去。在那里，它们就是单义的和明确的——可是恰恰因此在另一个领域里就必然是"模糊的"，正如我们以前已经看到的那样，另一个领域的"明确"和"纯粹的"表达，只有因此才能够摆脱"模糊性"，它们在这个领域里就是解释不了的。这是每种真正哲学的方法：吠陀哲学、柏拉图主义哲学、中世纪神秘主义哲学以及从康德到哈特曼的德国哲学的方法。可是，除了这些由形式引起的"模糊性"之外，还有另一种从内容的本质里产生的"模糊性"。人们之所以不理解一篇哲学论文，是因为他们不知道在有关的论文里涉及的是什么。这后一种不知道仅仅是智力低下或发育不足的结果，虽然这一点部分地也符合实际。哲学仅仅就其表达方式而言是纯粹知性的。它的本质是体验，是愿景。而对于那些将愿景并非看作体验的人们来说，如果他们通过学习和训练掌握了一些表达的手法，那么哲学本身就是难以接近的。克里希纳·阿诸那①说道，"无论是通过学习吠陀经，还是通过苦行，或者通过用礼物，或者通过用贡品，任何人都不可能像你看到我那样看到我。"现今时代的主观无政府主义——它由于肤浅和怠惰而变得壮大起来——自然将按照它的意思来解说这种基于客观的、可以把握的和可定义的因素的选择，即一切都取决于视觉，取决于体验。由于人仅仅理解他的同类，"不好理解的"哲学家简直就是一个怪人——哲学家有一些奇特的、不为人知的奇特经历等。这种论证当然自始至终都是肤浅的和错误的。对于不懂音乐的人来说，音乐只是噪音，只是不和谐的声音；并且即使他能够用某种方式学会，音乐表达的目的和乐器是什么，他也决不能

---

① 克里希纳·阿诸那（Krishna Arjuna），即黑天（梵语：कृष्ण，英语：Krishna，字面意思为黑色、黑暗或深蓝色），又译为奎师那，是婆罗门教—印度教最重要的神祇之一，被很多印度教派别奉为至高无上的神。——译者注

理解真正的音乐，因为他在内心里既不能理解也不会明白，乐曲里涉及的是什么（因为它永远深入不了他的内心）。用来理解哲学，需要一种完全特别的内心灵感。谁要阅读哲学文献，将会体会哲学的问题或者说得更确切些是问题的解决办法，在这方面，平常人察觉到的只是混乱。这些人也许下意识地和慌乱地察觉到一些事物，以至于他们连他们自己的慌乱都没有意识到。这种情况不是有无悟性或学术天赋的问题。因为哲学决定一切的问题，存在的问题，例如对于科学来说根本就不是什么问题。而且这一点是正确的：本体仅仅出现在哲学中。如果有谁认为哲学的问题不是什么问题（这里有浓缩的智慧：在所有伟大的哲学所共有的问题之体验中），那么他就永远都理解不了哲学著作；是的，他甚至永远不能明白，他为什么理解不了哲学著作。

这个问题同时也是一个组合而成的历史问题。文化的发展部分地反映在问题正在向下推移，变得民主些。虽然伟大的哲学家们没有被准确地读懂，但是他们提出的问题有一小部分正变成为公共财富。今天，许多人就按照相似于柏拉图和康德的体验形式和思想的一种模式来思考——自然是他们不知道如何进行思考，也不曾阅读或理解过它们。这一点证明，这些寂寞思想家之无限个人的世界愿景虽是超个体的，但是并非是唯我论的。所以，我们在发展过程中一方面能够观察到问题的持续下移，而另一方面也观察到理解门槛的缓慢提升。随着时间的推移，这些思想变得——有如出于自身原因——越来越流行（这里无法解释这可能导致多少误解和渐趋平庸化）。这些事实在一般文化的方面愈是令人高兴，就愈应该少些对其过高的评估：不能用它来对新哲学的理解下结论。柏拉图和康德就已经达到了他们能够发挥他们作用的地方；可是，普洛廷①和黑格尔还没有能如此（可能的是，他们在经过柏格森和马克思中介之后的几十年中也将同样是"易于理解的"）。可是，一种新哲学只有在斗争中才能得到立足，只有那些有能力为之奋斗的人才能做到。因此，所有旧的哲学变得"明确"的同时，新产生的哲学必然就是"模糊的"。这一点自然首先就是针对仅仅理解旧哲学的那些人的——因为他们不了解新哲学，对于新哲学他们只能接受像他们所能理解的那么多。人们可以把这一点理解为悲惨境况，甚至人们不得不这样理解——如果哲学家生活在这个时代，曾经期待某种东西，如果他似乎已不耐烦的话。可是，谁从内在的必然性来进行哲学思考，对他来说重要的就只有澄清事物（对事物本身来说）。他想提出一些问题，并尝试找到答案。在他看来，这是一种出乎意料的和幸运的惊诧，尽管只有一个人，而他不认为哲学家经历的事物是"模糊的"和"不可理解的"，并且，他将把所有其余东西留给历史去决断。他撰写文章描述他曾经的生活和思想；并且，无论如何他都得不到理解，不管是他的德行还

---

① 普洛廷（Plotin，250—270），古典哲学家。——译者注

是他的错误。

可是，在我们这里对哲学的厌恶如此之强烈，以至于厌恶的数量使匈牙利公众的哲学表态突变成为一种新质。这就是我触及这个问题的真正原因。其实，我认为，匈牙利哲学文化的缺失并不会最终回到人们病态地畏惧为了伟大哲学所作的必要努力。这就说明，在我们这里最为谬误的和最冷漠的唯物主义者为什么会扮演伟大的哲学家，与此同时，人们则把伟大思想家看作是不可理解而加以回避。雅诺斯·埃尔德利①以前写下过如下难以忘怀的文字："人们似乎不得不，如果可能的话，甚至用暴力去强迫这样一个民族去思维，就像赶着羊群去水塘一样，由此这个民族不仅不断地辨别，而且也有所指望。可是，我们正做着如此多的事情，以至于我们在用通俗的理性把聪明才智吸引到表面的玫瑰花瓣上来，以便它就可以在那里生长，就像植物的吸盘一样。"所以，我认为我有责任，在匈牙利公众面前为这种"模糊性"进行辩护。纯属偶然的是，我自己的事业为此提供了理由。因为我并不认为，我的事业需要保护。我将用感激的谦恭态度去接受批评，负有使命批评我的人可能指责我心里保留下来的（真正的）不清楚之处，以便我能从他们的评论中学到东西。这一次我甚至将不对"模糊性"的指责作出反应：对于真正的批评家来

①　雅诺斯·埃尔德利（János Erdély，1814—1868），匈牙利诗人、作家、文学史家与高校教授。——译者注

说，没有什么"模糊性"，只有正确的和不正确的断言。我充满兴奋地和很感兴趣地期待着，有人来**证明**我的断言的不正确。

审美文化

外面的世界满是敌人，

可我们并未因此死去……

贝拉·巴拉茨①

如果有一种现今的文化，它就只能是审美文化。如果有人真的想提出这个问题，是否存在一个中心，那里面的现代人彼此相聚却不相知、彼此致力相互践踏，那么他只能在这里提出这个问题。如果有人想批评今天，那么他就必须批评美学家，犹如苏格拉底在世时雅典的诡辩学者，中世纪的繁荣时代的罗马教皇和骑士，中世纪鼎盛时期的游吟诗人和神秘主义者以及18世纪的小暴君和好斗的哲学

---

① 贝拉·巴拉茨（Béla Balázs, 1884—1949），匈牙利作家、电影评论家和剧本作者。他曾拥护匈牙利苏维埃共和国，于1919年被迫流亡国外，先后在维也纳、柏林和苏联居住，于1949年重返祖国，曾为巴尔托可撰写过脚本。——译者注

家，似乎都得批评一样。可是，有这样一些人，他们说的是一些另外的东西——可是，由他们所说的东西只会加强这种看法；有这样一些人，如果涉及的是文化，他们谈起的是飞机和铁路、谈论电报的快捷和操作的可靠，还谈到有多少人今天能够阅读（在另一方面，他们的生活有条件，使他们还渴望着读物），并谈及有多少人由于现今时代的民主主义失去了全部的权利（即使这句话一般来说换一种措辞来表达）。可是，有些东西决不应被忘记：所有这些，在最好的情况下，只有一些面向一种文化的发展途径、可能性、方便条件；所有这些都是为文化的创造形式的力量服务的基本条件。可是，这种力量从任何条件中都只能产生出形式，假如生成形式的力量是从内部增长出来的话。文化就是：生活的统一，提升生活的统一的力量会丰富生活本身。如果生活达到目的耗时一天而不是一个月的话，那么旅程对我们来说是否意味着更多的东西呢？只是因为邮局把我们的信件较快地递送了，我们的信件就已变得更深刻一些了吗，心灵就变得更加放松吗？或者，因为今天也许有更多的人能够接近事物和接近更多的事物了，对生活诸多反应就变得较强烈些和较一致些了吗？

当然，当今时代仅仅产生了两种纯粹的人物类型：专业人士和美学家。这两种纯粹的类型断然是相互排斥的——虽然二者有必要进行相补。专业人士的生活是：一生的整体为有利于实现**该**生命之局部可能而牺牲；生活的外在方面被当作最内在的生活内容和排他的生活目的之手段。而美学家呢？并非如此：内心生活的排他性。并非如此：所有琐事都在现实生活中消失殆尽，淹没在唯一重要的事物之中。并非如此：生活在心灵的气氛中——如迈特尔林克①所言——而且只有在那里。然而，偶然事件并不是作为相互排斥的东西并列出现的。因为我也能够这样来描述它们的本质，在专业知识方面：以为艺术而艺术当职业（l'art pour l'art）；作为唯一目标的"创作活动"之质量，无须对思想内容之价值进行即使粗略的检查；而在美学家的生活方面：作为手艺的体验、作为专业知识的体验，生活在人们面前所隐藏的体验。而且两种类型的深层共性是这样的（这一点显然为仅在形式上的对照提供了真正的内容），以至于通向目标的路径本身都成为二者的目的，尽管只有将它们引向目标的本质才能赋予它们以含义和意义；以至于二者中纯粹的典型只是内在贫困的结果，以至于两种类型的统一性之所以产生，是因为他们的生活和灵魂的片面性只对一种体验的可能性作出反应。而体验并没有通过真实的财富和力量感而实现，由于他们意识到他们能够做的事情是，让一切都与其自己的中心联系起来。

审美文化。大家都知道，审美文化带来了什么，因为数十年以来，几乎没有一个星期不曾用响亮的话语歌颂它的荣耀，没有一个星期不曾用广泛的言辞来颂扬它的荣誉。

---

① 迈特尔林克（Maurice Maeterlinck，1862—1949），比利时法语作家与戏剧家。——译者注

首先，人们只想为了艺术而征服生活，从生活中不留痕迹地剔除所有其中生长的非艺术价值：一切都是艺术的，而且以同样的方式呈现为艺术的；"精心绘制的蔬菜和精心绘制的圣母像之间没有价值差异"。可是，这只能是"艺术"（往往从中也产生出非常好的艺术品），而并不是文化。古代美学家之最伟大者还说过："人什么也不是，作品就是一切"；这还只是就艺术而言。艺术只是把整个生活投射到表达的层面上，而且只有在那里，艺术才能容忍除了诸种可能的情绪差别之外的、适合美好表达在诸事物之间的差别。生活其实在别处、远处，在重要的和有趣的东西之外。

每一种文化都是对生活的征服，是所有生活表现形式的巨大统一（诚然，从来不是概念上的统一），因此我们必须在任何片段中看到生活的整体性，在其最深处始终看到这种整体性。在现实文化中，一切都变得具有象征意义，因为一切都只是表达形式——而一切同样只是对唯一重要事物的表达：对生活作出反应的方式，对人的整个本质如何转向生活整体性的方式之表达。

审美文化的核心就是：情绪。它是最常见的（即使不是唯一的，而且远非最深刻和最重要的）对艺术品作出反应的方式。它的本质是：观察者和被观察的对象之间偶然的、未经分析的、瞬间的关系，这种关系大多甚至是有意避免进行分析和某些情况所造成的。当这种心灵的活动扩展到生活的整体，而且整个生活与此相应形成的、始终变化着的情绪前后连续出现时，审美文化就在这个瞬间呈现出来了；当每一个对象停止存在，因为所有的东西都成为纯粹的可能情绪时；当所有持续性从生活中消失，因为情绪不容许任何持续性，不容许进行重复时，审美文化就瞬间呈现出来了；当生活失去了所有的价值，因为诸事物仅仅由于其情绪引起一些可能性而获得一种价值。因此，由于偶然的情况，而这类情况与价值并没有必要的关系时，审美文化亦瞬间呈现出来了。

因此，文化的统一性似乎就在于统一性的缺失之中；只有一个中心，一切都是外围；一切都有某种象征性的东西：没有什么是象征性的，一切都只是它在体验的瞬间表现的东西，没有任何地方似乎可以超越这一点。而且，文化具有某种超出纯粹个体的东西（因为它属于文化的本质，是人类的共同财富）：没有什么东西能够超越个人的瞬间；众人之间的联系就在于完全的寂寞，就在于完全缺失这种联系。

审美文化就是生活的艺术，就是来自生活的一种艺术。所有东西在独特自主的艺术家手里都只是物质而已，不管他是在作画、写诗，还是在生活。

可是，我们已经看到：这种生活艺术真的是生活的艺术，是艺术的最重要的力量和方向真正地强加到生活上的，这是不对的。不对，这种生活艺术仅只是生活的一种享受；没有什么艺术性的创造，只是把艺术享受的（更确切地说：一部分的）一些原则运用于生活。

这是审美文化的基本谎言，或者（在他们为数不多的真正严肃的代表人物那里）是它的悲剧性的自相矛盾：这种文化排除所有真正的心灵活动，因为它的唯一的生活表现就是尽心适应这些瞬间；因为正是由于所有东西仅仅来自内部，所以从内部就真的不会产生出任何东西：情绪只能由外部世界的事物中引发出来，而且，如果有人把他自己心灵的一种表露当作美好的情绪来享受，那他也仅仅是个纯消极的观察者，看着幸运的巧合所赋予他的东西。完全的自由是最可怕的束缚。"所有都是情绪"：心灵之奇妙的、崇高的自由，它对所有事物的管控，将所有存在的东西都吸纳到独一无二的、活生生的心灵里。"所有都只是情绪"，没有什么东西会比情绪更多些：情绪在最艰难的奴役条件下起着凝聚的作用，它亦能对心灵产生最残酷的自残。完全的消极绝对不能是一种生活原则（最多是形式上的，也就像正在死去的人还是活着的，而健康的人可能生了病一样——在某种定义上），如同无政府状态绝不能是建设的基石一样。"审美文化""生活艺术"是提升到生活原则的心灵滥用，是创造能力和行动能力的缺失，是听任瞬间来摆布。自觉和不自觉的谎言，在掩盖着完全没有生活的能力（和能掌控生活，即能造就生活）。生活艺术就是：面对生活的业余爱好活动；绝对没有能力注意到，真实创造和真实创造本质的真实物质是什么。

这种业余爱好活动也曾反作用于艺术。生活和艺术的那种统一曾想创造审美文化——不是把生活提升至高级艺术的超人崇高境界，赋予生活的偶然性以形式并赋予其老生常谈以必然性——把它的业余爱好活动的享乐主义带进艺术里，并把艺术降低到享乐主义不断波动的狭隘和懦弱的领域中。

情绪只是艺术品同欣赏者的心灵瞬间之接触；可是，即使有一种效果是不间断的系列情绪，然而它却超越了这些情绪的不间断、无序和无关联的相继排列。而这另外一种系列情绪，即这种无处显现的却又无处不在的系列，它使艺术成为艺术，成为活生生的有机体，成为宇宙，因为它使所有就自身而言是死寂的和微不足道的东西结合成世界的象征——这象征，正是这象征在"审美文化"的作用下从艺术中根除。形式的崇拜者已把"形式"扼杀了；为艺术而艺术的传教士已将艺术弄得瘫痪了。

因为他们带来的形式曾经只是表面上令人愉悦的组合，而不是植物那样的统一体，其生长是源于内在的动力、朝着一个目标而发力的。因为形式，真实的形式，是对事物的一种掌控，可也是对诸事物的一种统领：这意味着征服万物，但是，受掌控的一方与治理一方均是生机勃勃的。

这是形式的生命力，因为这就是它的伦理。这里就蕴藏着形式的那种力量和威力，这种力量和威力按其本质是如此神秘的，而就其作用来说又是如此的明显：它仅仅表现出与可以达到的分量和明确的重要性的最后生存关系。作为统领者，人们需要具有抗拒阻力的能力；而对于抗拒阻力来说，则需要诸事物，因为没有阻力就不会有什么力量在起作用。每一种世俗感觉既不知道真实诸事物的阻力，又不了解在自我之外起作用的自身力量，这种世俗感觉不是在同这些力量的斗争中变得强大的，它决没有想到它的力量，甚至不知道它是否有力量；如果它没有被本能的明智的预防措施所引导，避免一场从一开始就毫无希望的斗争。美学家的世界观既不知道什么事物又不知道什么责任，也不知道他们团结起来的苦苦挣扎。美学家注定只能享受一切，仅仅把诸美好的瞬间串联在一起，而且——在最好的情况下——通过适意的过渡将它们编织成一个花环。

审美文化将艺术的潜在影响带到了表面。审美文化认为所有纪念碑式的东西都过时了，宣布悲剧是不合时宜的，悲剧不适合现代人，因为我们今天"理解"了一切；"我们感同身受着"一切事物，不再有什么相互排斥的对立面；它认为所有思想都是无用的负担，因为"写得好"是唯一重要的东西，它认为所有想法反正没有什么意义；所有思想都是些谎言，且是用同一种方式方法撒谎，因此只能在其措辞上有某种差别。审美文化称所有体系都是谎言，因为在每一瞬间，所有人无论如何都有不同的思考；深入研究任何事情，寻找根源和关联没有多大意义，因为一切只有一种心情价值。人们不需要构建和建造；人们无须将生活和思考都规划到底：这是审美文化令人高兴的召唤。而且它曾经出现过的地方，没有建筑艺术，没有悲剧，没有哲学，没有纪念碑式的绘画艺术，没有真正的史诗。在那里，只有精炼到极致的技术和一种装腔作势的心理学，颇有见解的格言和细腻的情绪。也可能是一种真正艺术的手段——当然前提是它真的需要这里发生的一切。

这种拘泥于瞬间的文化曾不得不失去其与生活的全部联系。或许从来没有一个时代像今天这样，对于如此多关注文化的人来说，艺术的意义如此之小。在当代艺术的影响中可以观察到一些极为专业的东西：作家为作家写作，画家为画家绘画；至多是为半吊子作家和画家而作。因为他们几乎没有"什么可说的"（他们甚至有意识地、自豪地拒绝这一点），他们的价值只有专业人士能够真正享受，他们最重要的作用正在成为艺术家工作室的效应。并且，一般文化的发展仅仅在一个点上需要人，而且完全不触及人的个性，甚至这种发展反正都是朝着一个方向发展，即持续不断削弱人们身上的"人性东西"，以至于心灵的需要，只能这样含糊地和懦弱地苟活，并不能接触到某一种艺术。所以，人们很快就倾向于以为到了这种地步，即艺术也是不必要的，可是，它或者（像小市民的知足和美学家的享乐主义在这里是一致的！）至多用作适意地度过一些闲暇的时光，以惬意激励并抚慰疲惫的神经。最深沉的人们蔑视任何一种艺术，他们大多数人用深切的冷漠"享受"艺术或者习惯于此，因为它"属于教育程度"。

可是不幸的是，冷漠和蔑视不够强烈。有人可能寄希望于无产阶级，寄希望于社会主义。希望野蛮人用粗糙的双手打乱所有的颓废；追究行动或许将产生一种选择性的作用，如易卜生曾以为俄国专制统治曾经最好地提升了对自由的热爱一样——艺术在一段时间里却能随着敌视艺术的、仇视艺术的文化而深化。可是，这不是社会主义的重要之处；这只能是次要的或者可能是偶然的作用。人们可不能相信这一点，即革命精神的这种力量在此也将清晰看到和明显感觉到，这种力量揭示了每种"意识形态"并且到处都发觉了真正运动着的力量——除去所有次要的东西——这种力量将重新回到本质的东西上去，然而是在敌视艺术的生活情绪过了很长过渡时期之后才会这样。

可是，迄今为止我已经经历的东西并没有预示着许多好事。社会主义似乎并没有那种满足整个心灵的、虔诚的力量——它曾经存在于原始基督教中。对早期基督教的艺术追究在乔托、但丁、埃克哈特大师①和沃尔夫拉姆·冯·埃申巴赫②的艺术产生时曾经是必要的：早期基督教创造了圣经，而许多世纪的艺术以其成果为生。由于基督教曾经是一种真正的宗教，随着圣经存在的力量，它就不需要艺术了；基督教并未曾向往和容忍艺术，因为它仅仅想掌控并且可以掌控人的心灵。社会主义缺少这种力量，而且它对于来自市民生活方式的审美主义者来说并不像它想的那样，像它按其知识应该是的那样，不是真正的反对者。

因此，在市民艺术之中，他们想要部分有意识地创造出一种无产阶级艺术——然而，他们却只作出了市民阶层

---

① 埃克哈特大师（Meister Eckehart, 1260—1328），德国神学家与哲学家。——译者注

② 沃尔夫拉姆·冯·埃申巴赫（Wolfram von Eschenbach），德国诗人。——译者注

艺术的懦弱的和粗俗的讽刺画，这种讽刺画同样是脆弱的和肤浅的，然而却没有其现有的微妙之处。他们部分地也是唯美主义者。而且他们享受着同一种东西，跟市民阶层一样的东西；而且他们同样知道只有"表现力"是重要的：主题毫无意义，并且完全像在他们那里一样，一切都是品味、观念、情绪的事情。而且就像在市民阶层美学家们那里一样，所有一切仍旧是表面上的，生活的中心根本一个瞬间都没有触及到；或许，他们仍旧更多地停留在表面上，因为他们没有一个生活目标和中心，但是他们没有觉察到，有某种同市民阶层文化没有什么关系的东西，而且这种文化只以某种方式依附于他们。可是，他们并不在乎此事，因为这样就不错啊，而且不费吹灰之力，这是文化意识和超越偏见的标志。

当然，有这样的人，他们看清了形势并用一些尖锐、强硬的话谈论此事。有些人用一些响亮的言辞写作并尖锐地和高贵地作出评判，其中的一个人发觉："如果我看到，艺术正导向感觉主义的系统偶像崇拜，我必须说，最正确的纲领也许就是，炸毁世界上全部的教堂，连同管风琴、绘画，无一例外，那么非常多的艺术批评家和艺术享受者也许将会抱怨起来。"

可是，萧伯纳，这段话的作者，曾经是里夏德·瓦格纳最热情的信徒之一。

由于艺术和生活之间既没有有益的争论，又没有认真的接触，所以，两个极端在这种关系中标志着完全的冷漠和对掌控的排他性；可是，几乎毫不夸张地说，现实从根本上来说仅仅会显示出这些极端，但不会显示出这两个极端之间的任何过渡。艺术的创作是因为有些人生来就有一种非常不幸的、肉体—心灵的结构，以至于他们在这个广阔的世界上仅仅为此有用武之地（托马斯·曼有一次严肃地和严酷地给现今的艺术家如此下了定义）。艺术家就是：一种无用的人；艺术的文化就是：从这种无用中创造出风格来。

诚然，形势是悲剧性的，而且在艺术和人性方面真正严肃之人（例如济慈、福楼拜、易卜生等）的生活中，它变成了深刻悲剧的来源。可是，每个人都必定在某一种形式中感觉到了悲剧的自相矛盾。每个人都必定察觉到了自己的无根状态，察觉到他与任何东西都没有联系，他是无依无靠的存在，而且，每个人在他现有的生活中都必定感到难以忍受，其生活的唯一内容可能就是分享，就是与其他人进行最深切的交流。

美学家的生活情形就是这样的——被人认可或否认，自觉的英雄主义或者也被内心里所否认，并且生活气氛总是并且全然是悲剧性的。而且，在大多数美学家的作品中真正被感知到和真正动人的东西，始终都来自这一源泉；这是奥斯卡·王尔德①历经千锤百炼的格言的人性背景；对

---

① 奥斯卡·王尔德（Oscar Wilde，1854—1900），19世纪英国最伟大的作家和艺术家，以其剧作、诗歌、童话和小说闻名，是唯美主义当代代表人物。——译者注

这种气氛忧郁自负的隐瞒，赋予雨果·冯·霍夫曼斯塔尔①
的风格浮夸的诗句以光彩，而对此的感觉则以轻微的透明
度笼罩在托马斯·曼单调而犀利地描绘的客观图景上。

但是——就像所有悲剧中的自相矛盾一样——美德和
力量、罪恶和弱点在这里相互碰撞和共同生长。他们生活
方式里悲剧性的东西，是唯一能赋予他们（艺术家）的作
品完整性和力量的东西；他们的艺术之先验悲剧使他们的
生活真的变得轻浮和毫无内容。我只记得费伦茨·赫尔策
克②的一个最好的观察：久尔科维奇中尉决心一旦有任何不
妥当的迹象落在他的身上，就立即开枪自杀。可是，他始
终做自己喜欢或者符合他的兴趣的事情：他犯下了各种道
德错误。而自杀的英勇决定阻止不了他做错事，这个决心
还支持他过这样的生活：如果发生这样那样的事情，他说，
无论如何他都会开枪自杀。自然，这样的事情永远不会发
生。持续的悲剧是——其中有这种绝妙的观察之真正深
度——最大的轻浮。在对某种可能的（但决不是实际上出
现的）大清算的期望中，一切都是被容许的；因为在最后
审判日时，一切无论如何都会变得太过轻易。那么在生活
的实际事物中，难和易之间的区别何在呢？因为整个生活
和艺术反正都是悲剧性的，无论细节多么沉重和严肃。"无

---

① 雨果·冯·霍夫曼斯塔尔（Hugo von Hofmannsthal，1874—1929），奥
地利作家、剧作家、抒情诗人等。——译者注

② 费伦茨·赫尔策克（Ferenc Herczeg，1863—1954），德裔匈牙利作家、
戏剧家、记者兼政治家。——译者注

论如何，一切都是一体的"：人们不可以只在悲剧的最后瞬间才能想到这一点——即便如此；那么人们也不可以说并认为此事是真的，认为它是生活的要点。它在此就是人生哲学的永恒旋律。"一切都无关紧要"：真正的差别就只是享受强度上的差别：永恒悲剧的感觉使任何呆滞都得到饶恕。

现在会发生什么事呢？现在必定会发生什么事呢？肯定不是虔诚梦想家的乌托邦式的世界救赎。今天，那些为艺术而生之人中最优秀的那部分渴望回到更好的时代，那时的艺术呈现过另一种样子：创造文化，重塑文化，或者至少确信，此事是他们在生活中的使命。

他曾经相信……这是对任何一种业余文化预言的真正批判。艺术曾经一直只是文化的产物；时常是超前派出的使者，有时是用词严厉、判断公正且铁面无私的法官。可是，艺术用语的节奏始终由文化的节奏来决定。只是因为人们可以易于察觉、理解和认识艺术，即使今天还有许多人相信它的创造性的优先地位。然而，确有这样的时代，那时也有权利这样相信：信念曾经加强了他们的力量，而从这种力量的温暖中成熟的果实证明了这些信念的合理性。今天，只能有代价地达到这样一种信念，即我们闭上眼睛，并求助于冥想或有意的自欺欺人；这就是为什么今天这样的信仰必然没有悲情，这就是为什么拯救世界、艺术创造文化的力量之信徒和斗士——在最美好的情况下——围绕着格雷格斯·韦勒式的那种毫无价值的荣耀。可是，已经不可能从我们的生活中抹掉曾经强加给我们的认知，即使无知的状态可能会富有成果和耀眼千百倍。如果赫德尔（Herder）和席勒，如果歌德和浪漫派相信过心灵推动世界的力量，假如他们真的发觉了他们的错误，那么他们的错误最多会是悲剧性的。今天，在我们所知道的一切之后，实现曾经看似可信的幻觉之每一种尝试都只能沦为笑谈。

现有的东西都是由我们至高无上的必然性所塑造的，并且必然性利用其高出我们的力量引导我们达到由内在必然性所确定的目标。如果现有的东西确实是真的，即在整个文化综合体中有最初的、令一切都动起来的力量（而不是每一次运动都是不可预测的复杂相互作用的结果），那么，或许那些与这些力量打交道的人，那些用他们毕生事业影响其运作的人，可能被赋予改变文化的威力。或许吧。那些生活在艺术中或为艺术而生的人永远不会享有这种威力。

可是，决定论的洞察力只会引导弱者走向宿命论；只有那些个人意志的形而上学的无能才是他们内心软弱的适意的借口和愉悦的内在强化。为行动而生的人也从同样的知识中了解到，他内心的压力也是强制性的，即使它们不一定表现出来。他知道，他的行动同样是必要的。当澄清了幻想的本质后，只有行动的方向可以随之而改变，只有在实现同样的想法时选择另一种途径：愿望的强烈程度，心灵的内在力量决不会改变对外部联系的洞察力。然而，在看起来如此的地方，由此只是掩盖了内在强度的缺失。

外部的形势已经给定，而且没有任何天才能够撼动这种铁定的必然性；没有什么个人文化能够创造出社会文化，没有什么内部文化能够创造出外部文化。可是，内部文化同样也是一种由必然性而产生的现实。所以，逃逸到社会主义里去是一种内部崩溃（Débacles）的证明。一个好听的动机就是："服务于发展，并使个人的趋向和愿望服从于发展"；然而，它只是一种动机，预示或者估计某一行为真确的原因。如果天生适合从事审美文化的人们以这种方式说，这就像那些宣称决定论的寂静主义者那样，只是他们破碎内心的一层面纱。这是对以下情况的一种掩饰，即他们无法忍受最深层的精神力量注定的孤独的悲惨命运；他们无法忍受，他们逃离并放弃他们的最高价值，只是为了找到某个宁静的地方。不惜一切代价寻求的宁静和安全。安那托尔·法郎士①"皈依"社会主义是一个生命之可悲的终结，就像弗里德里希·施勒格尔或克莱门斯·布伦塔诺逃入和平所带来唯一可救世之信仰的寂静一样；微小的外部差异似乎能改变什么，在这里战场厮杀声正成为减轻所有痛苦的摇篮曲？（在这种联系中，不应谈论萧伯纳及与他一样的人：他们曾经始终是社会主义者，他们天生就是宣传鼓动家）。

与外部的形势一样，内部的形势也是给定的；因此不

---

① 安那托尔·法郎士（Anatole France，1844—1924），法国作家、文学评论家、社会活动家。曾获得诺贝尔文学奖。——译者注

能问别的东西是否还能来，而且也不能问，是否应有别的东西出现以及它是什么东西。人们只能留心观察：是否事实上也有解决这种不和谐的其他办法？而如果有的话，那么就得问：他们中间的共同点是什么？在所有方案和意识的背后，什么来自类似经历的、用同一共同经历所进行的斗争？因为在这里每个人都在各尽所能地奋斗着，并且共同体只有在那些地方产生出来，那里的真正伟大的人们抓住他们的生活问题，以如此的深度抓住生活问题，即这些问题变得具有象征意义，并且人们按照其"个性"的区别可以说已失去其含义。

可是，什么是真正深刻的、直至心灵最深处是个体的，远远超出单纯的个体者。或许用这句话已经把一切都说出来了。现今科学最大的谎言之一（尽管已经慢慢在消失当中）就是，事物仅按数量加以区分；在相似的情况下，事件也变得真的相似，即使这一个比另一个多一些、美一些或大一些。这种断言就属于最深刻的谎言：没有比"差不多"发生着的事情和事实上已完成的事情之间的区别更加深刻、更为决然的区别了，尽管途径在一开始时是朝同一方向上走的。区别是如此之深刻，以至于与此相对照，完全不同地做完的事情（或者"差不多"发生的事情）的区别就显得微不足道。

今天正在产生一种新型"美学家"。因为没有人能够对此作更多的改变，即在艺术中生活的人是无根基的，只有艺术对他来说才能是活生生的现实，他不得不把他的整个生活与之相联系，整个生活都发生在心灵的气氛中，而且一切都同样只是心灵自主成形力量的素材。可是，问题关系到，由此仅仅产生出心灵的空虚和无政府状态、软弱和没有成果、无用的哀叹和抑郁的傲慢，是否是必要的。问题关系到，是否有可能用这些元素来构筑，不是搭建正在消失的情绪之空中城堡，而是用坚硬的石头建造的牢固的灵魂城堡？灵魂弱化的必然后果是否一定源于一切都是灵魂的事实？难道所有的挣扎都必定是毫无希望的，只因为我们了解一切并能看穿自我给定的理由吗？难道什么都没有，只是因为我们想要（并且能够）从中构建一些东西吗？难道没有价值和差异是因为我们被迫确定它们的吗？难道必要的孤独只会导致无政府状态，而生活状态中从一开始就注定的悲剧只会导致轻浮和愤世嫉俗的悲观主义吗？

我们已经说过：从生活的角度来看，把生活强行纳入他的艺术范围的人就是个美学家。可是，如果我们想用一句话来概括我们迄今用来批评美学家这种类型的话，那么我们就不必说：那些自称是美学家的那些人是不够深入的，也不够始终如一的美学家吗？我们也已经说过为什么：他们没有把艺术本质的精髓运用于生活（和运用于艺术）上；他们从一开始就是肤浅而马虎的，少数人后来的认真态度无法弥补这一点。

艺术的本质是塑造形式，是克服阻力，是征服敌对的力量，是从正在分崩离析的东西中创造出统一体，即从彼此直至那时并从除艺术之外永恒的和最深刻的陌生之物中创造出统一体。塑造形式就是：对诸事物的最终审判，最终审判是拯救可拯救的事物并用神圣的力量强行救赎。

形式就是：在一个既定环境中的既定情况下付出最大作用力的耗费，这是形式的真正伦理。形式限定了外沿，而向内施尽了全力。一位较年长的美学家说，无法表现的东西是不存在的，而且，这是一个比他自己当时所能理解的更为深刻的真理：在形式的生命之内是没有任何"可能性"的；因为无法实现的东西并不存在，并且，要实现的东西也正在实现着。这里只有一个诅咒：要么不曾面世，而一旦面世了的东西就将永生。在旧有哲学的体系里，形式曾经是世界的象征，即世界秩序的象征，是人性唯一的表达，而这种表达曾经可以在某种方式上表示宇宙的和谐；今天我们只能寄希望于我们自己的和谐，形式只能就我们的形而上学现实予以说明而不是陈述世界的现实。

是的，一切都发生在心灵的氛围中；可这并不意味着弱化，而是意味着深化、内化，意味着斗争到底和存在的所有自相矛盾的痛苦至终。因为一切都属于我们、属于心灵，并且所有悲剧事件都只能发生在心灵中，正是因为任何的不和谐就都变得更痛苦和更深刻；正是因为所有不和谐都变成了内在的，而且因为不可能把悲剧的东西往外推，它不能指向任何人，只能指向自己本身。而且形式的消解，即形式的救赎力量只存在于所有途径和所有痛苦的最后终结处，存在于超越所有证据且又无法证明的信念中，即心灵纷争的那些途径在其终结之处恰又相会；诸路途必定会聚，因为它们都来自一个中心点。而且，形式就是这种信念的唯一证明，因为形式就是其唯一的实现，比生活本身还要更有活力。

我重申一下：美学家把形式的概念运用于生活，审美文化是对心灵的塑造。它不是装饰，而是塑形；审美文化不是其凝固成一些美丽的形体，而是从现实的混乱中，从经历的诸事件中，不断将其最真实的本质提纯出来；审美文化不是铸成形式，而是塑造形式；不是结果，而是一条无限的路径，在路途中成形的生活片段显示其前行的步伐。审美文化是心灵的成形。心灵沉睡在纷乱中，我们习惯把这种纷乱称之为一个人的心灵生活，或者用轻率的话语通常也称之为心灵。它在那里永远警觉地沉睡着，可是只对看得见它的人来说是真实的、是活生生的。类似于米开朗基罗在这些大理石料中就已经看到栖息的大理石雕像；为了唤醒它们，他需要进行超人的斗争，以从包裹在无形之混沌中打掉一切无足轻重的东西。即使人的生命太短暂，无法在纯粹的崇高境界中实现其内置生命活力，即使他的心灵在生命的尽头也只能留下一个罗丹式的躯干，只是从岩石桎梏中剥离了一半，那么悲剧的、形而上的现实只能是这尊雕像，它一直还留在这块石料中；而且只有很少的人能够看到这尊雕像的纯粹景象；而一生为之努力奋斗，才是真正的人生之路。

这种生活是示范性的和象征性的——而且每个象征都同其他的象征相关。这种最深刻的和最真实的象征性生活之最真实的就是极具个性；因为雕像之中，大理石的灵魂变成雕像，这块唯一的、特定的大理石块的灵魂，即使岩块随着其变成雕像而与紧邻的大理石岩块分开并成为所有雕像的同类。灵魂之道就是：从自身上凿掉所有不是真正属于自己的东西；灵魂的成形就是：使之成为真正个体的；可是，成形的雕像使它超越了真正的个体。这就是为什么这样的生活就是示范性的。堪称典范，是因为一个人的实现意味着所有人都有实现的可能性。埃克哈特写道：土块落下的地方，那里就是土地落脚之所：这表明所有土地的安息之地都是地球表面。并且，一个火花从火中飞出的地方，表明天空是它适当的安息之所。现在，我们就已经这样把一个"火花"送到了天上，送到我们的主耶稣基督的心灵里：它向我们证明，所有灵魂的安息之所都在天堂。

所以，这类人的悲剧性生活和悲剧性孤独不再是悲剧性的。孤独的悲剧在这里也是生活的先验，可是，从这种孤独里正产生出最崇高的英雄主义，自我成形的英雄主义；像从原罪的意识里产生的救赎的渴望、可能性以及现实一样。

并且这是完全无所谓的，是否也有其他人以及有多少人、如何效仿这种榜样。人只能为自己争得这种救赎，而且有谁业已得救，这个人的福祉绝不可能再加以提升了。而如果由他们为其他人争得的胜利在人生的荒野中留下了一道痕迹，那么每个人必须自己来走他自己的路直至终点，而且每一个人只有在他的道路的终点处才能指望自己得到救赎。

这样的人并没有创造文化，他们也不想那么做；他们生活的圣地就在于，他们的幻想被剥夺了。他们没有创造文化，可是他们这样生活着，似乎曾经生活在一种文化之中；他们没有创造文化，可他们活着就是理应得到这种文化。他们的整个生活氛围似乎只能用康德的或许是最深刻的范畴——"仿佛"范畴，来最好地定义。这种意想不到的英雄主义保佑了他们的生命；这种英雄主义如清新天空里的发光十字架环绕着汉斯·冯·马雷斯①和斯特凡·格奥尔格、保尔·恩斯特和查尔斯·路易·菲利普所描写的爱情故事，这种英雄主义现今或许只编织在这些作家头上了。

我怀着诚惶诚恐的心情在这里写下——作为对这里所说的话的唯一可能的最终协调——在写作时一直陪伴我的最伟大人物的名字，即我们的最了不起的史诗作家：妥思陀耶夫斯基。

---

① 汉斯·冯·马雷斯（Hans von Marées，1837—1887），德国唯心主义绘图家、版画家与画家。——译者注

业已分道扬镳——就在十字路口

(卡罗利·克恩施托克*首次展览会上的致辞)

　　这几句简短的评述并非严格涉及克尼费斯-卡尔曼大厅展出的绘画作品。我觉得关于它们的争论之所以如此激烈、如此绝望，如此带上轻微的暴力和幸灾乐祸的特征，是因为这些绘画是首次完全清楚地表明：我们已走到了一个十字路口。我想就这个十字路口的成因和意义说几点看法。谁只要观看并善于观看绘画作品，谁就几乎无法理解，为何在现有情况下竟然出现了争论和不满。这些绘画并不代表任何倾向（甚至不是艺术倾向），在这些绘画中丝毫找不到任何与旧有观点相对立的新"观点"。这些绘画带给我们静谧、和平、宁静、和谐——完全不可理解的是，它们怎么可能激怒某个人。

---

　　* 卡罗利·克恩施托克（Károly Kernstok, 1873—1940），匈牙利诗人，作品受法国象征主义文学影响。——译者注

　　而尽管如此，这些绘画作品意味着一场抗斗。但是，它是一场与 19 世纪的无数"艺术运动"和"脱离派"截然不同的斗争。那时曾经总是一种新的"观点"抗衡一种旧的"观点"，一种新的"视野"面对一种旧的"视野"。人们感觉到，旧的"观点"确实是不能令人满意的，必须寻找一种新的观点，或者人们在大多数情况下简直厌倦了看待事物的老方式。那么，如果之后出现了一种新的观察方式，一种新的"方向"，那么两种方向就互相争斗起来，直至第三种方向出现，一种全新的方向，就是继续引导无止境可持续发展的喜剧对抗结为同盟的第一和第二种方向。

　　这里关乎着其他事情。这里不是关于差异，而是关于对立。这里对立的不是方向，不是因为已然相互对峙起来的方向，而是涉及他们的简单存在。这里并不是有关推介一种新的艺术，而是关乎着旧有艺术的复活，即艺术本身的复活，并且关系着通过这种复活导致的与新的、现代艺术的生死搏斗。

　　卡罗利·克恩施托克告诉过我们：事情涉及的是，他和他的朋友们所画的作品（和几个诗人写的诗歌和几个思想家所完成的哲学论断）想表达的是诸事物的本质。

　　事物的本质！用这些具有争议的简单话语就标示出这场大辩论争论的材料，指出分道扬镳之点。因为我们在其中成长的世界观，以及我们从中获得了最初深刻印象的艺术，都对任何事物一无所知，也不承认某物具有本质。谁敢于思索或谈论这样的事物，谁就会被人宽厚地嘲笑，并被称之为过时了，是中世纪的，被视之为无厘头的自吹自擂。在我们成长的时代里——以及整个 19 世纪——根本就不相信持久不变性。早在一百年前，有人就曾宣布风景只是情绪，世界上的一切甚至都曾经变为情绪。没有什么东西是固定不变和经久持续的，世界上没有什么是人们自认为能够从眼前的奴役状态下解放出来的东西，更不用说人们似曾有权利获得自我解放了。没有什么东西似曾能够带来摆脱这种奴役。一切都曾经变成情绪；一切都只能存在一瞬间：时常也就是像我——通过某些经历而朝着某一方向——在某一种光线中所观察时那样。而下一个瞬间就已经改变了一切。没有任何东西似乎在难以言喻的汹涌澎湃的瞬间洪流中创造秩序。事物中似乎没有什么是共同的东西，也似乎没有什么超越当下；似乎没有什么是稳定在一个事物上，因此在此瞬间就脱颖而出。因为没有任何东西，只有不停顿地依次出现的情绪流，情绪之间没有价值差异，也不可能有任何差异。

然而，即使这种自主的、一切按照自己情绪之相似者所塑造的自我出现在这种万物的融合中。自我涌入了世界之中，并将世界融合——借助其情绪——在自身中。然而，正是因此，世界也涌入了自我，而且没有任何东西可以在两者之间设定界限。并且也没有任何东西能够在自我内部创造秩序，其范围只能在其模糊性中加以猜测；随着事物的坚实不再存在，自我的坚实同时也不再存在了；随着事实的丧失，随之价值也就不复存在了。除了情绪，那里什么都没有留下。在个体人的心里和各个人之间满满都是平等的和同等重要的情绪。一切都变成了看法之事；一切都是观点，只是个人的意见。而每个个体的意见之所以重要，只是因为它是个人的，而且这些意见的重要性不可能有任何区别。任何明确的看法都被扬弃了，因为一切都只是主观的；某些断言已经终止其意味，即它们可能会排除相反的意见。在这个世界上，一切都相处融洽，没有什么东西可以排除任何东西。

这种生活情绪的艺术只能是一种感觉的艺术。一种传达体验的艺术，仅仅是主观的，仅仅是瞬间的。越是主观的、越是与瞬间紧密相连的东西，能否传达它之可能性就越成问题：其实，只有共同的东西才是能够传达的。但是，这种艺术想要不惜一切代价传达一个艺术个性的瞬间，即无法传达的东西。这使得任何效果都成了随机的。那些令人愉悦的曲折线条及和谐匹配的色彩，以及偶然也是——与任何意义无关——那些令人愉悦地协调的话语。偶尔也会发生这样的效果，由于创作者的某种情绪，原本应该是沉闷的和谐，由于受众偶然的情绪，变成了欢快的理由。或者反之亦然，某种东西始终在无限可变的细微差别的不可估量性之内。

因此，一切都成为一种表面的艺术；在表面的背后空无一物，没有任何有意义的东西，没有可表达的东西，表面只是通过某种方式偶然在场和通过某种方式，偶然起到某种作用——不管怎样，随机地产生了影响，主要是它们起了作用。表面艺术只能是一种感受的艺术，是这样一种艺术，它否定深化、评价和区别。新的范畴出现了，似是而非的范畴和价值，这些东西通过其纯粹实现自己总是不可避免地自行毁灭：所有新的和有趣的作为价值，作为唯一的价值。因为如果只有情绪和感受，那么它们相互就只是由于其有新鲜感和力量而区别开来。而且所有的新鲜和有趣的事物在其实现的那一瞬间就已经不再那么新鲜和有趣了。并且它随着每一分钟、每一相似之处以及重复出现而变得不再那么新鲜和有趣了，直至它终于完全失掉感觉的角度，失去任何价值；它不再起作用，它死去了，不存在了。

这种艺术没有材料，因为它似乎是有形的和单调的，要求有自己的空间，是坚实的和持久稳定的。在这种艺术中，没有任何形式，因为形式是明确的，它排除其他的形式和尚未塑造出来的东西；因为形式是尊重、区分和创造秩序的一个原则。

而且，这个世界上的一切都曾彼此和谐相处，以至它甚至不曾察觉到它的毁灭者的出现。更准确地说：这个世界发觉了它的毁灭者，它却无能为力针对任何东西表现出敌视的感情：对于这个世界来说，这也适用于新的感觉，并且能够与所有传统的东西融合起来。我现在想到的主要是自然科学和人文科学（例如马克思主义）的某些成就，在时间上它们是首先出现的。因为这些成就最先带来了对主观主义的、印象主义的生活观的否定：事物之间明确的和可控的论断和秩序。从中得出了某种东西的论断，因为它们要么曾经是真实的，要么是不真实的，要么是有根据的，要么是没有根据的。而且，随着每一次如实的承认，都必然会带来摒弃千百个其他事物的后果。并且，事关一些东西，即关于一些事物的论断已产生出来。这就是人们能够谈论的一些事物，因为对它们来说，某种持久的东西是内在固有的，因为它们具有某种自在的东西，这东西不依赖于我的情绪和感受；对它们来说，我是否无论如何在这个或另外一个瞬间、在这种或那一种经历的影响下看到它们，是完全无所谓的。事物存在着，并且它们包含有重要的东西和不重要的东西、稳定的东西和易变的东西以及表面的东西和本质核心。

可是，印象派的代表人物也不得不接受这些真理。随着他们为了理解一切而表现出来的理性，他们也容忍了这种理性为真理——并且在他们的感觉和体验中，一切保持着以前的样子。

然而现在，这些认识终于变成了感觉价值了。今天我们又正在渴望一种事物的秩序之到来。为了看到它们，以及由我们自己看到真正属于我们的东西。我们渴望我们行动的连贯性和可预测性，而且渴望我们论断的明确性和可控性。除此之外，渴望我们所有的行为都有意义，由此产生某种结论，我们所有的行为排除某种东西。我们渴望判断力，渴望差异化，渴望自我的深化。

并且，仅只相信在瞬间的旋涡中存在某种有形的永恒的东西，确信事物存在并且它们都有本质，就已经排除了印象派及其所有表现形式。因为这样就有了值得努力争取的目标，人们必须认定这个目标，而且道路的方向不再是无所谓的。然后，我们将不再谈论匈牙利印象主义有才智的批评家之一曾经说过的话："艺术家应该得到许可，去做他想要做的一切事情，前提是，他能够完成他想做的事情。"然后，真的就可以对目标设定本身进行批评，并且朝着错误目标出发的艺术品越是吹毛求疵，就越加卑鄙无耻，通过高超技艺达到了不值得的目标。而后，甚至也就可以对通往那里的道路进行批评，因为有一些事物，人们可以对这些事物的成功和失败、正确的东西和不正确的东西进行评估。

这种新的感觉已经从多个方面感受到了，并且在许多地方已经得到了表达：在诗歌和建筑中，在绘画和悲剧中，在塑像和哲学中。但是，来自多个方向的新艺术和世界观几乎没有被人意识到。只有很少的人在自己身上认识到它们，更不用说他们在其他人身上认识到了、在自己的艺术和相关艺术中认识到了。卡罗利·克恩施托克和他的朋友们的最大意义也许就在于，他们为这种感觉—观察方式赋予了迄今最纯粹的、最有力的和最艺术的表达。

这种艺术是古老的艺术，是秩序和价值的艺术，是构建起来的艺术。印象主义使一切都成为一种装饰性的表面，甚至是建筑艺术；只有引起它们的惬意和感受的效果才赋予了建筑的色彩、线条和文字以一种价值，因为它们不承载什么，也不表达什么具体的内容。新的艺术是建筑方面的，是该词汇的旧有意义上的、真正意义上的。它的色彩、文字和线条，都只是事物、其秩序与和谐、其分量和平衡之本质的表达。一切事物都是力量和分量的和谐，它们仅仅通过一些材料和形式的平衡表达出来。并且，每个线条和每块色斑——像在建筑艺术中一样——只有在表达这一点时才是美的和有价值的：构成事物的内容尽可能丰富、尽可能清晰、尽可能概括和尽可能丰富的事物的分量和力量的平衡。即使在这里，一切也都是在表面上的。我们的感官只能受到表面刺激，而且只有色彩和文字、声音和线条任何时候都是可能的表达手段。然而，表达手段现在事实上只是表达的手段而已，而不是目标，不是已到达的状态。印象主义一再地只是提出一些观点，借助这些观点人们应该能达到某个目标。然而，人们并不想取得任何进展。他们将观点看作是最终目标，因为它们已经可以带来感受和情绪。他们把自己的想法看作是一种到来，只要它们足够新颖和有趣。对他们来说，它们是到达，而不是路径；是感受和刺激，而不是任务和义务。新的艺术是一种整体性创造的艺术，是一路走来的艺术，是深化的艺术。

业已分道扬镳。人们徒劳地指望着印象主义的天才们。真正伟大的印象派之所以真的伟大是因为他们不是印象主义者，之所以是自我深化的艺术家是因为他们的奇思异想只被视为真正掌握事物的进程，而他的观点只是实现整体创造的手段。而且，就像没有自己的奇想和见解，没有将这些手段视为任务和武器，而是理解为最终目标和乐趣的那种人一样，印象主义者同样也不配拥有从他们行列中脱颖而出的伟大艺术家名声。他们不配拥有这个名声，也理解不了。还有，他们在观察这些绘画时逆向走过了天才们从思想到整体所走过的那条道路。他们把天才考虑过的事物降格为观点，把艺术降格为天才表达这些事物的方式，从其自我深化中他们只能得出感受。

路径彼此分开去向。有些聪明的印象主义者因缺乏坚定的信念而"理解"了现今正在兴起的艺术之众多艺术时刻，但这是徒劳的。这种理解也只是一个想法，只是无论从某个地方抓取的感觉，并没有随之发生任何变化。他们看到了威胁要落在他们头上的棍棒，他们用敏感的感官品尝着飞快落下的手之强大姿态。然而，这种可以心领神会的聪明没有什么用处，因为这种姿势现在不仅仅是一种姿势，因为这种棍棒将真实地嗖嗖落向他们头顶。因为对他们来说，带来宁静的艺术意味着宣战和进行生死搏斗。这种有秩序的艺术必定摧毁所有的感觉和情绪的无政府状态。这种艺术的出现和存在就是宣战。这是向任何印象主义、任何感觉和情绪、任何价值观混乱和否定的宣战，是向任何彻头彻尾突出"我"字的世界观和艺术的宣战。

纪念奥古斯特·施特林贝格[*] 六十诞辰

也许有两种具有代表性类型的人。一种人站在远处某个地方来观察着他的时代，同样也观察着他的时代里运动着的一切事物，观察着可能是时代运动原因的一切；另一种人与斗士们一起将每场斗争进行到底，而且他的生活或多或少地围绕着某一中心点，作为他的时代的中心点。因此，米开朗基罗曾经把文艺复兴的所有倾向都塞进西斯廷的天花板里，或者塞进美第奇家族墓地的成对人物雕像里。但是，在莱昂纳多（Leonardo）全部的片段尝试中——如果我们循迹深入无法眼见之中心的线条——同一种东西也许能以更明确的冲击力象征性地表现出来。同样，但丁和莎

---

* 奥古斯特·施特林贝格（August Strindberg，1849—1912），瑞典作家、剧作家和画家，现代戏剧创始人之一。他写了六十多部戏剧和三十部著作。他的作品直观体现他的生活经历和感受。作为一位大胆且以颠覆传统为一贯作风的创作家，他着重表现自然主义和表现主义。——译者注

士比亚在他们的著作中总结了他们那个时代的本质，而且也总结了歌德给我们保留下来的一切东西，总结了那个时代的全部成就（在他们两位生活的时代，可惜没有一位用相反的视角进行并列总结的人）。19世纪晚期伟大的综合者来自北方，而且他们中的所有人都如此完美地代表了自己的类型，而且大家的立场都是如此这般地极端对立，以至于易卜生和施特林贝格在有生之年都不想了解彼此或对方的艺术：这就不奇怪了。

这是特有的，并且存在着千百种显而易见的解释之可能性，但是，正是鉴于答案的易得人们对它们产生了深深的怀疑，疑惑这些伟大探求者的探求方式方法当时相同。疑惑人们通过他们的生活节奏也许比借助伟大完善作品的合集、概括一切组合能够更快、更容易和更可靠地达到时代的节奏。疑惑我们也许从来没能更明确地理解从文艺复兴至19世纪末变化的本质何在，但似乎我们完全能够准确确定莱昂纳多、歌德、施特林贝格进行探求和发现的技巧：他们跌跌撞撞且继续前行的、坚持且放手的交替规律，他们生活和生活安排的向心力和离心力，以及为什么他们所能获得的形式的可能性一会儿是一切，一会儿又是虚无。

施特林贝格漫无目的的探求代表了现今市民个人生活的徒劳无益，因此这似乎就容易解释了，而且或许尽管如此是真的了。他这样东一榔头西一棒子的做法表明他的阵脚乱套了。他生活和创作的无中心之所以发生，是因为这种生活不再能够从自身中创造出理想——没有什么值得相信的东西，没有什么值得为之奋斗的东西，没有什么值得和能够比短暂陶醉的美好和对生活认真的一些人因失望导致的头疼更大的风暴了。

我重申一下：这一切或许甚至都可能是真的，然而，人们可以把它作为一本厚书的最后几行（或者作为该书完成后的导言）写下来。作为一部书的最后结尾，这部书包括他生活中全部的，即使最微小的和最有个性的细节；因为今天我们感觉到内容如此混乱不堪，感觉到很像没有小路的原始森林，以至于我们甚至无法揣测此书上什么东西是重要的和什么只是插曲而已，更有甚者：我甚至不知道，此书里是否不是所有的事情都是重要的，或者也许根本就没有什么重要的东西。在这样一部书的结尾处，如果——无论是可见的还是隐藏的——即使我们的整个时代也在其中和我们能够看到——借助体验的奥秘——从这种生活通往这种艺术的诸多线索，而且如果我们认为它们通往那里并通过这一途径是重要的，那么以这种方式谈论此事也是可以的。

这里只能确认感觉。这感觉就是，我们认为施特林贝格给人印象深刻的、广泛的和丰富的作品没有中心，并且我们在钦佩他无限彻底的和伟大的艺术以及他极其诚实的智力之同时，不能相信无中心是因为个人疏忽所导致的。其他比他渺小一千倍的人成功地做到了的：成功地把设想和从中塑造出来的成果排列起来，形成一个一目了然的整体，而他却由于这个弱点而没有成功。这种不成功并非是象征性的。而且，人们也可以加上一种感觉，在易卜生的作品里——在这个伟大对立面那里——一切集中在其周围的中心只是艺术性的；在易卜生的作品里，无中心只是形式上的，而对施特林贝格来说却在于内容。并且，莱昂纳多的作品比他的创作更为零散——只有少数作品本身比较完整——而且有些作品的价值和完美性方面没有什么可说的。但是，由不同倾向产生的画面是统一的。莱昂纳多的道路都是朝着一个方向努力的。在施特林特贝格作品里，人们看不到类似的情况，至少我们没有看到。

正如很少有人说施特林贝格属于那种没有机会塑造自己感受的人一样，也不能说他是那种失去双手的拉斐尔：是个庄重伟大的、悲剧性的业余爱好者。施特林贝格——就像莱昂纳多、歌德一样，尽管他比这些大师名声小些——如果想成为一名艺术家，他就是一个成功的艺术家。没有一种形式不是他以玩味的精湛技艺所掌握的；完美的作品恰恰只就自身而言是完美的，然而不是生活的一端延伸到另一端的长链条中的一个环节；它只是自身完美——不是有毛病，不是作为一个生活时期的启示。施特林贝格最深层的内容却在某种程度上仍然留在完美作品的客观完美之外，就像它们在主观完美的抒情片段之外一样。人们从施特林贝格的生活角度来看，仿佛他只是在浏览他的所有作品，人们就会觉得这些作品只是偶然的，是场冒险，而他的生活仍然还是通向这些作品总体的一条道路。

施特林贝格参加了最近三十年来几乎所有伟大的文学

的和非文学的活动。无论他身在何处，他都发挥了主导作用，但是我们无法理解他为什么会陷入这些活动之中，为什么不会陷入相反的活动里，如果他真的也陷入了这些活动的话，因此，同样的问题会再次提出来。施特林贝格只是自己在发展着，对他来说，所有作品只具有发展阶段的价值，同样对我们来说也是如此，如果我们从一个相当高的、仅仅考虑挑毛病的角度来看待这个问题。他只是自己在发展着，然而这种发展的方向渺茫。这种发展经过极大的弯路回到原来的起点，并在绕了大弯子后重新回到原地。可是，也许我们还在用更有条理的表达方式歪曲了他的作品整体产生的印象：我们确实从来不知道，他的起点是什么，并且我们从来不知道何为弯路，并且——就易卜生的情况而言，绝对可以做到——这里似乎完全是不可能的：根据内在的特征来确定他作品的前后次序。而且我们同样也不可能知道，今天六十周岁的施特林贝格是否已经完全筋疲力尽了，或者现在，他的那种创作高潮是否正在开始，对于这种创作高潮来说，至今所有的一切东西都只是微不足道的前奏而已。

那么，奥古斯特·施特林贝格是什么样的人呢？只有惊讶的沉默才是对这个问题的回答。我们对他一无所知：关于他，最主观的作家，他写的回忆录揭示了一切，暴露了赤裸裸的东西，自卢梭以来无人能及。

那么，奥古斯特·施特林贝格对我们来说意味着什么呢？这个问题比前一个问题更重要，前者在某个时候也将由后者所掩盖。也许在某个时候，当这个问题过了相当长时间在正确的地方提出来时，那时我们也就得到对前一个问题的回答了。因为——如我们的感觉一样——一个人越是伟大，在他生活中的一切就越是具有象征性，他的生活就越是明显地成为其他人生活的象征。每个伟大的人或许越伟大，就有越多的生活线索集中于他身上，他生活的任何一个微小偶然事件便越是有力地影响着千百人的生活。

奥古斯特·施特林贝格对我们意味着什么呢？有过许多瞬间，他曾意味着一切，而且一直还有许多他意味着一切的瞬间。新文学发展中曾经有几个时刻，那时每个人都觉得，他手头拥有所有问题的解决办法。在 19 世纪 90 年代神秘—宗教大萧条时期，曾有过一个瞬间，那时施特林贝格的宗教信仰最有力地代表了西欧的缺失目标的宗教信仰，代表了缺失目标的追求上帝。曾经有那么几个瞬间，神秘的自然哲学家施特林贝格似乎——或许也确实如此——期待着精确的科学，就像世纪之初歌德和浪漫派的自然哲学一样。并且，伟大的近乎歇斯底里—巨大的性解放斗争，女性智力解放的色欲基础和表现形式，都反映在他的生活中和那些最能引发冲击力的真理的伟大作品中。至今没有人像他那样表达出了临近秋天的最神秘悲剧，表达出了从未说出来的和绝对无法承认的衰老预兆。

这只是几个例子而已，而且它们还可以继续写上许多页，似乎不必把它们全都说出来；而且人们感觉到：即使说出了全部，始终还是会有某些保留：对所有效果的总结仍旧不能解释他的全部意义，没有回答奥古斯特·施特林贝格对我们意味着什么的问题。因此，即使我们没有勇气为此辩护，我们也会觉得他的神秘的东西是象征性的，作为回应，感受到他的生活的深沉窒息性。所以我们感觉到，他的莫名其妙不是偶然的，其中就藏着对他的无中心性的回答。我们感觉到——现在不仅是科学良知，还有我们自己的懦弱，阻碍了我们将自己的感受表达为积极的真理——他作为最伟大的人所缺失的东西，是缺乏我们的生活，他最后的残缺不全之处最终却是我们生活的残缺不全，他的无目标、无方向、无中心，全部都只是我们生活的一些象征。

那么，施特林贝格，连同他的生活和创作、他的高潮和深刻缺陷似乎就是代表我们的人。并且我们感觉到，事实就是如此，可是我们不喜欢它，我们不愿意承认它，我们永远不想承认它。

安德烈·奥第[*]

安德烈·奥第……如果问题只涉及他，一切都会变得简单一些。人们几乎只需要改变他的话语就可以了：

> "在我到来之前，他们都曾是乞丐，
> 而且连他们的哭泣也不曾是美的；
> 我为我的人民和我的亲人哀叹。"

可以毫不夸张地说：如果没有奥第的话，人们必定得把他创造出来。这不会的……此事业已发生了（人们不需要说出名字，反正每个人都知道）。因为一切都是徒劳的，不过奥第首先是匈牙利诗歌的奥第，是没有发生革命的匈牙利革命者的诗人。安德烈·奥第的这些受众是令人可悲

---

* 安德烈·奥第（Endre Ady, 1877—1919），匈牙利20世纪最伟大的抒情诗人，其诗作中隐含着极为强烈的革命火花。接触其诗歌成为卢卡奇"一生的转折点之一"。奥第的作品也受到法国象征主义文学的影响。——译者注

的怪诞。他们是这样一些人，他们认为除了革命没有任何其他补救办法。他们认为，现存的东西从来都不曾是新的和好的，而是它们始终吞噬着一切新东西和好东西；有一种无法改善的邪恶，必须予以摧毁，以便为新的可能性腾出空间来。革命是必要的，然而人们根本不能指望进行尝试的可能性会有一天从远方来。他们似乎只能是领头人；他们是这样的人，他们——或许——通过一场只是停留在梦中的革命和经历一场革命后的匈牙利有可能就成为伟人。

而且，在所有的事情上都是这样的。在任何地方，匈牙利人都是"最现代的"。而且，令人可悲的怪诞的是，他们站在每一种新的艺术或哲学思潮的最前沿；他们越是正直和匈牙利化，他们就越是如此。因为没有任何能够与之建立联系的匈牙利文化；并且由于旧的欧洲文化在这方面不足称道，只有遥远的未来能够为他们带来梦寐以求的群体。俄国知识分子们的处境也是如此，然而他们起码经历着一场革命，于是他们得到了一些东西，在其中他们可以为自己对文化的渴望找到一种形式，这种"满足"也赋予了他们所有的非直接的社会和政治创造以形式和分量。匈牙利人的渴望必定在此期间永远是毫无成果的。因为在匈牙利，革命只是一种精神状态，是无尽的孤立所造成的绝望甚至可以找到表达的唯一积极的形式上的可能性。这仅仅是一种精神状态，仅仅是一种渴望，也就是说是很强烈的和一种很独特的渴望，即对于这种精神状态来说，实际上没有什么东西与之相对应，而且甚至在想象中也不能在其中找到什么真正可把握住的东西，没有什么东西能够与一种，即使是乌托邦的现实性联系起来。

奥第的匈牙利诗篇源于这个被剥夺了革命的革命主义精神世界。这种感觉在他的早期诗作之一（《新诗集》中的《沼泽地上的愿景》）中就已经得到一种纯粹的表达：他，安德烈·奥第，现今的匈牙利人，需要革命。他需要它，因为它的时代已经到来，不是因为它会有益，它会带来新的价值和根除旧有垃圾，而是因为他需要它，以便他能够继续活下去，以便他能够在某个地方移植他无根的爱，以便他能够把在他心中扎根的财富传递给某一个人和某一个地方。他的生活必定在某一个地方找到一种形式。

> "旧时传下来的厄运会让我们长久沉溺在深重魔咒中吗？
>
> 　你这拖拉—懒散的、火红的太阳，
>
> 　我再次向你呼唤。
>
> 　我不想满腔愤怒地死去，正在张起弓剑严阵以待，
>
> 　我无望的心已被不幸命运所欺骗。
>
> 　升起来吧，展现光焰，火红的太阳……"

这就是安德烈·奥第（以及所有匈牙利知识分子）与无产阶级的关系：最肤浅的、最怯懦的、最微弱的、几乎难以意识到的渴望，正以一种更具体的、更加有形的形式呈现出来。当一个高尔基变成社会主义者时，一个巨大的

渴望正在实现；当一个萧伯纳做这件事时，那么一个思想家就从他的社会哲学中正得出所有结论。安德烈·奥第的社会主义是宗教（对少数人来说，它只是一种麻醉剂），是荒漠中的一句刺耳的话语，是一个溺水者的呼救声，是通过崇拜它（有时也是诅咒）来疯狂地抓住剩下的唯一可能性；与此同时，人们感到它是未知的、神秘的，然而又近在眼前的，但它是唯一感到真实的东西。

> "你们的坚强使野蛮先生们烦恼，
> 你们的头颅却骄傲地抬起来了。
>
> 你们的血液新鲜并且信仰伟大，
> 成为玛太·科萨克①土地上的神灵：
> 前进，前进，匈牙利的无产者!"

奥第与社会主义的关系如何，谈论这种事是没有用的；社会主义在这里仅只是形式而已，是他的感觉在其中找到的一种形式。如果与这些革命歌曲的风格有些相近的话，那么这就是鲍德莱尔的亵渎神灵或保罗·费尔莱纳②的圣母玛利亚诗歌，而且至多或许是布伦塔诺的连祷文。人们根

---

① 玛太·科萨克（Máté Csáks，1260—1321），匈牙利贵族，匈牙利王国实际上的君主。——译者注

② 保罗·费尔莱纳（Paul Verlaine，1844—1896），法国作家。——译者注

本不必提及其中宗教和革命融合的诗歌（例如《上帝的号角》），或者只是为了必须看到上帝名字的那些人，以便在一件事情中认明宗教的印记；奥第创作的每一首诗都是与宗教挂钩的。如果我想非常简要地表述所有这些诗的深刻共性，我不得不说：它们是宗教诗，是一种伟大的、神秘的、宗教的感觉流露在各个方面以及遍及各处。这里有如此强烈的宗教潜能，对宗教有如此强烈的渴望，以至于在这些诗歌的世界里一切都成为了神话，每一个生命的表达都化为上帝或魔鬼，每一首描绘这些的诗篇都成了赞美诗（而且即使在这里，我们也把他的话——作为多余的文献——加以利用："所有我的歌全是不推荐的歌"）。

在奥第的诗篇中，整个生活成为神话。一种全新的匈牙利神话也已经在他的匈牙利诗歌中形成了。在遥远的远方，巴黎是诱人的地方，是奇妙之地，是万物之母，是希腊仙女赫斯帕里得斯①的新岛，而在近旁，就是匈牙利的荒地，是炼狱和地狱的范围和洞穴，它们产生了许多选定的痛苦。而且在这里，普茨斯策尔②和德芬尼③、玛太·科萨克和德布勒森④得到一种力量，它投下了引起恐慌的阴影。

---

① 赫斯帕里得斯（Hesperiden），希腊神话中负责看守金苹果园的诸女神。——译者注

② 普茨斯策尔（Pusztaszer），匈牙利东南部基斯特莱克县的一个地区。——译者注

③ 德芬尼（Dévény），现今斯洛伐克首都布拉迪斯拉发的一个区域。——译者注

④ 德布勒森（Debrecen），匈牙利东部城市名。——译者注

反对这种力量的抗争开始了：库卢岑①的老战役，捷尔吉·都扎②的永恒争斗，以及被谋杀的法祖勒③家族的泽伦和神圣的玛格丽腾都流出陪伴伟大战斗的眼泪。

而且还有更伟大的、更为深刻的故事：大恶棍的传说和亲王欧恩德的传说以及其他许多人的传说。人们不必跳出这个世界一步，而且那里就有巴尔神的赞美诗，金钱神的连祷文，比哈尔区沉默王子的神秘传说，夏天的悲歌和围绕勒达金塑像跳的大型圆舞。而这种一直存在的感情在最新的诗歌中，在赞美上帝的诗歌中，都仅仅得到了一种公开的、仅仅是完全纯粹的表达，在删除任何"体验"和任何"象征"的情况下，都没有任何中途的停顿。

奥第——一个神秘主义者。这个表达的意思是什么呢？或许是这个：神秘主义者（我只以感情的形式，不以表达的内容为依据）没有任何距离问题。因此，对于神秘主义者来说，就没有任何矛盾，在"观点"之间没有任何差异；这个表达对一切而言是一劳永逸的，而且对一切的反面亦然。这就是说：对于神秘主义者来说，没有大事和小事之分；对于他来说，没有神圣的东西，也没有凡俗的东西，没有"现实"和梦想，而且也没有我们在具体和抽象之间、

---

① 库卢岑（Kurutzen），1671—1711 年间，反对奥匈帝国的起义者之名，他们曾与皇家军队进行长期斗争，并且得到土耳其的部分支持。——译者注

② 捷尔吉·都扎（György Dózsa，1470—1514），来自特兰西瓦尼亚的塞克莱尔小贵族。他在对抗土耳其的战争中担任骑兵队长，匈牙利国王封他为爵士。他是农民起义反对匈牙利大亨的领袖，起义以他的名字命名。——译者注

③ 法祖勒（Vazul），是 11 世纪的匈牙利王子。——译者注

主体和客体之间通常遇见的那些区分。这在中世纪曾经是相当简单的，而且相当易于看透：神秘主义者曾经是那种一切都成为宗教的人。然而，这一点在今天还是如此简单，尽管不如此轻易地看穿，并且一个古时的神秘主义者和一个现今的神秘主义者的全部区别仅仅在于，古时的神秘主义者曾经使用一些形式，而现今的神秘主义者则不使用。教会、官方信仰和圣经曾经给予旧时的神秘主义者以确定的和不倦的形式，这些形式在其坚固的墙壁之间曾经能够注入狂喜的热熔岩流以示慰藉。现今的神秘主义者在他有可能找到一种形式的地方却没有找到什么，他必须自己从本身来创造一切：上帝和魔鬼，尘世和彼岸，救世主和反基督者，圣徒和被诅咒者；他自己必须书写圣经以及他事后要阅读经文的一切。因此在本质东西的所有同一性方面，他正失去类型的纯洁性：这好像就是纯文学创作。所以从表面上看，在文学创作的"动机"或"对象"和神秘的生活诠释之间并没有什么区别；当时曾经把二者完全清楚地相互分开的东西，其一的游戏性质和另一个事物的积极本质，今天业已消失，并且，神秘主义今天仅还作为感情形式散落四方并存在于各处。因此，现今每一个真正的诗人或多或少都是神秘主义者，比中世纪要多得多和强得多；也许是因为今天大多数神秘主义者——不得不——正在变成诗人。

现在我们尝试从这一方面出发来定义奥第的风格。也许这种借助极端的方法最简单。我想说：奥第创作的抒情诗是最纯粹的概念性抒情诗，而且奥第的抒情诗是一切抒情诗中最为感性的。总而言之，在奥第的抒情诗中，近和远之间没有区别。这并不是说，在距离的艺术性问题似乎已经解决、近和远似乎在艺术上已达到平衡等的含义上（这在每一首好诗中都是如此），而是完全字面上的。情况是这样的，即在近和远、具体和抽象、我和世界、体验和象征之间没有任何的区别了（而且，人们不可能继续列举这一系列排比直至无限）。奥第的诗歌几乎不再具有个人色彩了。在我们的眼前，一个体验不会成长为象征，走向无限性，走向一切自身的统一，而是它在某种程度上如此在起作用，好像两个极端的极点，它们沉睡在事物和心灵的最深处，它们通过我们通常称之为个性或情绪，或者也叫作瞬间，隐藏在两端，因此仿佛只有这些极点实际存在着，并且它们以这样一种烈度相互碰撞在一起，仿佛在形成一体时的火花将它们融合为一个不可分离的统一体。奥第所描绘之图像的感性直截来袭，强烈得使人感到痛苦，然而从中形成图像的东西，以最冷静的确定性和最恰当的抽象性在概念方面固定下来，远远超出了所有只是个人的东西。在此处，我只举几个例子：

> "这样的痛苦，地球上从无哪国承受得了，
> 只有想摆脱束缚的匈牙利"，

或者：

"我曾经感觉到上帝气息,并在那里寻找
早就从我这里溜走的一个人。"

或者:

"双腿踏跺深至膝盖,
曾经在血泊中看到:
我已不再拥有双腿,
只剩膝盖,只有膝盖。"

奥第的每一首诗都以飞快的精准阐释了一种情况,并用最终的力量表达出来;或许这种效应最重要的秘密在于它的沉重和密集的精度,这是其他任何方式都无法实现的(可惜没有其他词来下个定义)。我首先想到的是这样的诗句:

"这里的世界是邪恶的:
桀骜不驯的匈奴人
梦想着古老的战役。
它打赢了未来……"

或许事情就是如此:在奥第诗歌中,每个问题都在变成形而上学的问题,每个声音都来自彼岸的某处,来自事物的彼岸;声音来自更敏感的、更痛苦的近旁,听起来就越加强烈。这就是为什么他的诗意视野可以创造神话：因为他的象征栩栩如生，具有最为有形的感性力量并且从如此的深度汲取并融合在一起，是如此之"普遍"，以至于没有任何个性的东西，也没有留下在最佳含义上的工匠完美雕琢的痕迹。即使最疯狂的幻想在起作用，它们似乎在地球的某个地方生长出来，没有起源，没有祖先，没有创造者。

我们说过：奥第的诗歌完全是无个人特色的，尽管几乎没有写成比现有诗篇更深刻的和更纯粹的自白；但是，人们还是不能藉此勾画出奥第的"想象中的肖像"。奥第就是一切以及一切的反面；他的抒情诗使任何一种情绪永驻；他的整个诗作看上去，似乎他的心灵只是一面巨大的镜子，而其中一切都以无暇的完美和深度映现出来，而其中映现了瞬间带来的一切。奥第是一位神秘主义者，对于神秘主义者来说，在大小事物之间、当下和永恒之间，是没有任何区别的，甚至于一种事物绝不可能是另一种事物的必然产物。人们似乎能够从这些诗中看出一切，然而同时也能够看出一切的反面，甚或是从任何角度来观察。对于神秘主义者来说，一切都是同样伟大的，而只有宗教曾经给过旧时神秘主义者一种形式；现今的神秘主义者只拥有一些瞬间，现今的神秘主义者的启示系由千百万个别的、自我完善的、相互矛盾的情绪原子并置而组成。

它们只有作为这样的诗歌才能够获得一种形式，然而对于一个神秘主义者来说，他写就几首或者甚至一系列

"美好的"诗歌是远远不够的。这是匈牙利诗歌对奥第本人的意义：在这些作品中，他的神秘渴望首次找到一种形式，一种超出诗歌和审美效果的意义；它们触及生活，它们深入生活里去，它们为生活成形，它们揉捏着生活，以便重新创造生活；成千上万的人为自己尚未变得瞠目结舌的抱怨和痛苦找到表达的话语，它们向寻求上帝的人提供祈祷的书，并用战斗的赞美诗篇唤醒那些沉睡了几个世纪的人。奥第需要匈牙利的诗歌，所为不仅是诗人的身份，因为他作为诗人从未能忍耐这样的生活，因为对于他来说，生活似乎并不能变成形式，成为一个作者，其诗篇被纤细的双手所抚摸，似乎它们是细长的花瓶，或者其柔软的话语正羞怯地在寂静的斗室里轻声低语，以便富有感情的人也在自己面前隐藏它们所感觉到的东西。

> "他们看着我，一切正常：
> '他是伟人还是无名之辈。'
> 只是没人提出这一问题：
> 非得要恨他或者爱他吗？
> 人们对我像待一个婴儿，
> 他们带我到这里去睡觉，
> 又在那里他们把我叫醒。
> 我到底为什么出生在世：
> 就是为了做个某一个人，
> 做个预言家或可怜的狗？"

在这里，奥第的核心经历就与他的读者们的核心经历契合了。因为可以肯定的是：这就是他对于现今匈牙利的真正意义；是良心、是战歌、是号角、是旗帜，一旦发生战斗，一切就可以围绕着它们组织起来，这就是晚上在篝火旁守卫的人们相互给出的暗号。可是，人们也许在某种程度上会说：奥第的这种作用是偶然的，因为在他看来，匈牙利的诗歌却只是插曲而已；他的心灵立即并且以同等的力量反映着一切。所以，它也反映着这一点，这一点正是我们匈牙利人十分，且为达到如此不可替代的深度所需要的东西；这一点我们不得不说，如果我们只把奥第看作为一个诗人；如果我们把他的异常强烈的、深沉的和自发的同感心看作是典型的诗意，看作有似竖琴的共鸣，仿佛每一阵风都会让它们发出同样的声响。在匈牙利诗歌中，风只从一面吹来，而且只有一种可能性，没有反方向的风。在这里，角色是预先分配好的，并且是永恒的，以严格的排他性将善与恶分开，以坚硬、耀眼的海报式的鲜明色彩，将一方涂成耀眼的白色，另一方涂成乌黑发亮的黑色。这是真的：旧时的神秘主义者不作任何区分，因为信仰已为他作了区分；奥第必须为自己创造出框架，然后一切在框架内都像在其他地方一样发展。

所有这一切都曾经是对色彩的丰富和绚丽的承诺，并且也曾经部分地出现在各卷中；然而，他在新的一卷中却找到了最纯粹的风格。安德烈·奥第的语言一向比较简洁动听，比较大度和广博；他在《血与金》卷的几首诗中，在《趣味性》一篇达到了顶峰和色彩斑斓之后，现在他开始用更加简约的、少而大的色斑来工作；在这方面，当今最优秀的画家和一些非常伟大的诗人（吉卜林、韦尔哈伦、斯特凡·格奥尔格等）都在进取。他并没有因此失去他的感官力量。可是，即使他的火力比以前更猛烈，不过现在已有所收敛。即使他的色彩比旧的颜色更鲜艳，不过它们的结构更强劲、力度更大。在关于上帝的赞美诗中，这种感情大多被理想化了，在形而上学的明显排他性中，在只表达极端感情的话语中，只在表达的极致处停顿，并以落石般的速度滚动。奥第的抒情诗在一种唯美而宏大的、唯一正确的含义上变得越来越质朴。所有偶然的东西、所有伴随的东西、所有印象主义的东西，都越来越强烈地脱离开任何一种渴望，任何一种思想，任何一种观察，而且最后诗歌的洪流随着一些少数的伟大感情的唯一和宏伟单调地流淌而去。从前，每一首诗都曾经是一道风景或者一个人物，或是一段出色的情景，今天的每一首诗只是一种宏大的、简单的、包罗万象的、大度的姿态。

因此，在现今匈牙利的抒情诗坛中，三十岁的奥第是青年人中最年轻者之一。在某个时刻，他一度在匈牙利诗歌界引起轰动，因为他曾经给予在他之后的后来人以色彩和声音，并给予向往新事物、勇敢行为、五彩缤纷和趣味的勇气、可能性和途径。今天，他达到了作出新转变的地步：与"趣味"的斗争，这种斗争直到今天才在造型艺术中被意识到，对此官方的"新"匈牙利文学似乎将会进行最激烈地抵抗，也将会进行抗争，只是少数非常年轻的作家大多并非有意识地开始发表意见，而且只会在几年之后（如果属实的话）在那里全力以赴。

因此，三十岁的安德烈·奥第是最坚强和最自信的匈牙利作家，他指出走向未来之路。他的——最深刻的——永恒的抒情诗，既是社会效应唯一重要的诗歌，也是最具人性震撼力和形式感的现今匈牙利诗作。

丹尼尔·约普的叙事作品*

　　为什么这一卷书里几个美好的叙事作品对我们来说意味着的如此之多，如此的无限之多呢？或许因为在其中是匈牙利散文的第一次展示，灵感来自完全特定的外部世界的音乐，这是一种我们迄今还没有听到过的音乐。可能是，这种影响的直接原因甚至正是在于此中。吸引读者的是这些小说的抒情之美，特殊对话的奇特而挥之不去的美，断断续续的词句的变化节奏，几乎听不见的耳语忏悔，突然的沉默，最深切的渴望和悲惨的误解之美。多余的人们生活中一些索然无味的美在灰暗的灯光下闪烁；它是佩斯①人的浪漫主义，是佩斯人的抒情诗。

　　所有叙事作品都伴随着一个人、一类人的衰落之美；

---

　　* 《青年人的故事》，布达佩斯，1908 年。

　　① 佩斯（Pest）是匈牙利首都布达佩斯（Budapest）之西半部分的称谓。多瑙河流经布达佩斯，将城市分成东西两大部分，东部称作布达，西部名为佩斯。——译者注

故事的美之所以无一例外地使人动情，是因为它们塑造出这样一些人生活中的高潮，失败同时也是一种高潮。这些高潮中的每一种都是一种伟大之爱的唯一瞬间，而且相爱者就到达了他们始终所渴望的地方，他们——纯粹的爱情之光——于是就陷入深渊，陷入虚无，陷入日常生活，陷入不再是生活的生活，陷入从中不再有、不会有逃逸的普通生活：坠入市民阶层的生活。这些中篇小说是正在消亡的、走向末日的一类人的诗篇，是一种疲惫的、漫无目的的、永无止境之浪漫主义的最后一朵奇葩。丹尼尔·约普的叙事作品的世界是心灵无根之人的世界，这个世界中的人将整个生活、整个生活的能量和他们发展的可能性都放在另一个人身上，放在一个他们想爱又不能爱的人身上，并且指望那个人爱他们，就像从来不能爱另一个旁人一样。他们就是这样的人，他们是把一切都押注在一张牌上的人，押注在正进行的牌局中根本就不存在的一张牌上，他们就是这样的人，他们把自己的整个存在已建立在一种不可避免的失望之上，如果这总是发生不可避免之事，那么这些人就在毁灭之中。他们是佩斯人，是匈牙利人，他们的外部世界既未能给他们提供目标，也未能给他们提供内容，他们只有把他们心灵的神秘诗歌作为生活的内容，并且他们——因为他们不仅想写自己的诗歌，而且也想生活——必定玷污着自己及别人而走向灭亡。

丹尼尔·约普的诗歌——虽然他没有意识到——是安德烈·奥第的匈牙利诗歌的一种新释义。它是一种最后清算的抒情诗，一种既不寻找缘由也不指控或者（像安德烈·奥第那样）动怒的清算，倒不如说是申明这些心灵状态、这些生活可能性仅仅是从这种定在形式中以勇敢的苦涩申明的唯一可能的后果。这是奥第的"大恶棍"的世界："而在我心中／拥有巨大泥潭：景象恐怖。／我似乎还有几首歌，／贪婪、新颖且魔幻，／然而你看，在这场永恒的搏斗中／让我在陶醉中倒下去，／并且又躺在桌子下面。"在这些故事中行动的人们，很有可能大家已经——没有让丹尼尔·约普或者他们自身意识到此事——经历了一次这些诗句的悲剧，他们经历了这里的一切都是徒劳的，这里没有人需要他们的火力、他们的热情，他们的微妙之处在任何地方都不会引起共鸣，而且在这里，即使他们写下了自己的诗歌，也没有人喜欢这些诗歌。如果他们曾经想在生活中实现自己的梦想，他们并没有能够从中塑造出一些东西的材料，他们是疲惫不堪和失望了的人们，是在到达战场之前就已筋疲力尽的、在几场战斗之前业已经受到致命伤的斗士。他们是逃避一切的人。只是在一个领域，他们无法逃避，因为在那里驱动一切的热情比他们的优势要强大，因为在那里可能还有并且存在一些瞬间，他们自己还可能抱有希望，即使这些希望永远不能实现。所以，这是情色的世界，即爱欲的世界，这些人的整个生活都发生在这个世界里。而在这种因绝望而产生的排他性中，情色和爱情构成了这个世界的唯一主题，以及它们如何构成这个世界，我看到了这种诗歌的匈牙利特定的、佩斯特定的印记。而丹尼尔·约普，无论是他的主题，还是他的风格，都接近于许多外国的诗人，特别是北欧诗人，尤其是巴黎的诗人。但是，他的那些人们的疲惫就是对徒劳探索的厌倦，而不是对古代文化消亡的诗意回应。他笔下的人物的漫无目的并不是出于选错了目标，而是源于对过度精致的颓废者之玩世不恭的怀疑态度。在约普笔下人物之热情中，迸发着野蛮的年轻人的顽强激情，这些激情经过更加残忍的冲突就会破碎。他们这些艺术家只是内在的，只是心灵上的，只是视觉和听觉的巨大陶醉的诗作。他们对形式的探索也还不成熟，他们只觉得它们是生活的表现；任何艺术家都还未能超过他们，任何人都不能编织奇异梦幻的地毯并把它铺在自己和外界之间，以便干扰任何和谐的生活永远不会降临到他们身边。斯堪的纳维亚和巴黎中篇小说的问题——艺术和生活的问题——在这里还没有呈现为问题，尽管丹尼尔·约普的人物是那些世界的相似人物。巨大的分裂在这里尚未发生，矛盾相互碰撞发生在艰难的斗争中，相互碰撞的程度是比较残忍的。玩世不恭和多愁善感，优越感和同情心更直接地混淆起来，且更加眼花缭乱；最后的徒劳无果之感觉，以更大的概率直接闯入热梦之中。这里的每个人都渴望伟大的奉献，渴望不再孤单的伟大瞬间，届时每个渴望都将实现，而且对自己的生活本身并且也许对别人的生活也在成为现实。然而，这些伟大的瞬间都是骗人的，它们必定使每个人都失望："我遭到了失败。我们曾经有过一个共同的瞬间，只是一个唯一的瞬间。渴望感觉到这一瞬间，并感到惊讶。或许当时它也曾经想到另一个瞬间，想到某种其他的东西。然后……它就离开了——我遭到了失败。"而什么跟随其后呢？这一个人也在外表上堕落，另一个人也许正在成为正派之人，可是当时却成为一个精疲力竭之人，没有歌曲，没有陶醉，远离梦想和渴望，成为一个平凡的死人。

这些中篇小说是佩斯堕落的悲剧，是对烟雾缭绕的佩斯咖啡馆贫瘠气氛充满芬芳的回忆；漫步布达，一切涌上心头。即使从这篇散文由最深切的渴望所镌刻的急促祈祷中，你也能听出——作为伴奏的旋律——某种确定失望的预感，在深深隐藏的痛苦中，人们能感觉到咖啡馆知识分子拉开距离怀疑一切，以及通过月光下的浪漫主义渗透出这个世界奇怪的玩世不恭。丹尼尔·约普也许是第一个同时塑造了这两个极端的人，他们如何既可有机地分开成长并且在每一刻又相互融合，就像他们在"已经"和"仍然"的界限相遇时真实存在一样。所以——因为他的风格的这种内在音乐——我们觉得约普的诗作是佩斯的诗歌，尽管在其中几乎没有佩斯的主题；而关于构成这些悲剧及其诗歌的大框架的所有东西，在这些叙事作品中从未谈到。但是，其中还是有——我认为——约普所强调的、特别指出或者避谈的东西，其中有他的比较从何而来，他与什么进行比较，即使仅在这里并且现在有可能存在的东西，是这个世界并且只有这个世界的完全特殊气氛所自发唤起的东西。在这些人的生活节奏中，在他们的命运中和他们的因素如何混合起来的方式中，潜伏着一些只是在这里和现在才有的特殊的东西。存在着的是一种特有的、完全似是而非的现象，即这种喧闹的、轻率的、呼喊诉苦的和大声欢乐的城市的抒情诗，最强烈地和在任何情况下都是最清楚地、恰恰在一个如此无限敏感的、纯粹艺术的、避免所有粗俗影响的艺术家的作品中发出了回响。在此，这种佩斯的特性仅存于围绕事物的氛围中，以至于认为此事必要和适当的那些人，至少能够从这些叙事作品里把所有新事物——如果已经不能被宣称为是坏的东西——起码是陌生的东西，是不能认定为生长在我们的土地上的东西，这些叙事作品的作者只是模仿外国，并同我们的生活没有任何联系。并且可惜的是，他们也可以不受干扰地宣布这一点，因为叙事作品在我们这里还不曾拥有受众，那么究竟应该如何为所被避谈的东西找到听众呢？

关于博士小姐的笔记

人们可以仅仅依据征候来观察事物吗？（贝拉·巴拉茨现在或许会说：不行，因为根系不得拔出地面，因为人们不得剥夺它们的瞬间之依赖性；不行，因为即使事物在我们的眼中成为象征，它们却必须仍然是事物；不行，因为一切事物都会变成空洞的比喻，而我们在事物上仅能看到标志性的东西。）

艺术家这样说，并且他也必须这样说，可是，他的回答现在对我们来说并不重要。在这里，我们是较为谦虚的，并且甚至没有试图总结整个事物；事物应该在"存在"的同时，又"意味着"某些东西；我们想同时"描写"发生过的事情以及它曾经是"如何"发生的，然而事物在同一时间里应该离开不以同种方式重复的独特现象的圈子，并且成为自身的纯柏拉图式的理念。

非标志性的东西。这里应该有失误的列表，是对这篇作品中没有成功之事物的列表。因为如果我们也能够补充我们认为至关重要的内容（问题在何处提出，并且答案指向何方）：无论这个部分或那个部分是否成功，那时候我们想说的才是——差不多——就完备了。

然而，每个人或许都可以通过他的偏差以最纯粹的方式来确定，至少是那些值得予以思考的人。通过他所棘手的事物，即需挖掘多久才能在他脚下触到可在上面建设的坚实土地。每个人都取决于他的最大成绩；取决于凭他的讲述能力足以使人清晰了解他的渴望所需的瞬间，当这些愿望与已经取得的成绩完全一致时，即使后者超越了前者。而且，我感觉到，人完全是由这种最高定位来决定的——向上抑或向下。

并且，没有比谈论最小值更无聊的、更无益的和更容易的事情了。有一些类型的最低值，所有人都是平等的，而阿谀奉承哲学则想以此为出发点写一部世界历史。有个最低值，在其中一个豪普特曼等同于一个……不，然而我在此并不指名道姓。而且，还有一些人，对于他们来说，极其重要的是强调这些共同性。

1

戏剧的象征有两种途径。我简短地说一下，只提到两个最具特色的名字：一个是莎士比亚，另一个是维托里奥·阿尔菲耶里①。这两个名字表明什么呢？它们表明戏剧性的人物和命运表现自相矛盾的两个方面，或者试图解决的两条途径，即两种对立的、相互寻求而却又相互排斥的可能性。戏剧是一个具体的象征，并且两个词都可以加以强调；戏剧是生活的一个片段，然而同时意味着整个生活；这一次既可以强调句子的第一部分，又可以强调第二部分：它的对话直接而透明，并且这一次哪一个词是伴随的定语、哪一个词是"本质"也并不重要。人们似乎不得不对整个戏剧形式进行分析，即使人们只想列举这一系列的、无穷无尽的巨大矛盾，而且在任何地方，一方面要试图解决伊丽莎白时代的戏剧问题，而另一方面要试图解决古典主义戏剧和新古典主义的戏剧问题。解决方法的关键区别或许在于：一个不进行分析，另一个进行分析。因此，一种戏剧只是具体地表现出情感、只在他们的表述中，这些人物是全然完整的，与他们打交道就像与那些既独立于他们的命运，即戏剧中所发生的事物，又独立于其他人和事而存在的人一样。另一种戏剧其实并不赋予情感，仅表现出其原因和结果，而即使这些也是直接的、以火山喷发的强度爆发出来的热情始终告知我们，这样的热情是什么，从何而来，以及追求的是什么。这里的人物仿佛是一幅巨大壁画或浮雕上的人物形象：参考物的整体和节点、

---

① 维托里奥·阿尔菲耶里（Vittorio Alfieri，1749—1803），意大利剧作家。一生潜心研究古典文化和启蒙主义文学并用意大利文和法文写作。他的第一部悲剧《克莉奥佩特拉》1775 年在都灵公演并获得好评。——译者注

大型构图框架的凝聚支柱。这里，我想到的不是直接和间接的性格刻画之间的表面区别（这其实只是成功和不成功两类之内的区别）；这里涉及两种基本方法，它们彼此的区别如此之大，有如——自然这只是一种类比——彩色画派的线性构图一样。

每一部戏剧都需要一定程度上的意识，而且戏剧容忍它只到一定的程度。而对意识程度的确定，即戏剧世界将向哪个方向扩展，确定着它的整个风格。戏剧是人物与其命运进行的一场神秘决斗，而问题仅在于，这场遭遇是否唤起人物的话语，或者他们彼此只是在默默地比试着步枪；对话是否真能反映问题之所在；无论一个姿态不确定的闪光还是一句快速说出的、汇总一切的话，它把一切都统一在其中并闪电般地作出决定，都是命运时刻的象征。莎士比亚那里有的只是姿态；所以，他的阐释者必须这般尽心竭力；因为，如果内容与每个措辞相抵触，那么即使完美的套语也都会南辕北辙。难以置信的是，赫贝尔的悲剧比《哈姆雷特》要"深刻"得多，但前者包含的内容却是可以定义的；哈姆雷特抵制任何定义，因为……"剩下的就是沉默"，因为命运并没有出现在话语的架构中，它从所有话语中逃逸出来，并且仅仅存在于话语的、所有情景和所有姿态的整体之中。莎士比亚的象征不是下述意义上的象征，即它们似乎"意味着"这样或那样；它们意味着一切，而不是意味着什么确定的东西；是音乐性的而不是知性的。它们之所以是象征，是因为它们如此深刻地把握住一个人及其命运，以至于所有的人和所有的命运都像遥远的钟声一样在他们的身上产生共鸣；它们之所以是象征，那里只有所有情感的终极极端，人类的巅峰被强化到最后一点，以至于它们不再仅是人类的情感；正因为他们是人类，拥有如此无限的力量。

第二种是意识之道。在房屋墙壁上，命运用强硬的双手以清晰的字母写下它的话语，并且表达出一切的强大思想正如利刃那样进行着交锋。在莎士比亚在世时，反对他（以及本·琼森①和博蒙特—弗莱彻②）的斗争就已经开始了，并在科内耶和拉辛的戏剧中赢得了胜利。而且从此，我们就一直致力于从后两者的戏剧中解脱出来，并想一次又一次地唤起莎士比亚的影子；可是至今，每一次尝试仍旧只是尝试而已。生活变得抽象了，人们变得有意识了——而且正因为如此，我们非常渴望用我们的戏剧不是增强这些特征，而是加强另一方面，即较为罕见的、难以捉摸的方面。德国古典戏剧只能从法国戏剧的怪诞辛辣中解脱出来；甚至黑贝尔也已经感觉到，他已经几乎陷入这种诟病中；易卜生一直都在关注着这一点，而他却不能在法国推翻它的统治地位（莎士比亚对浪漫主义的模仿只是

---

① 本·琼森（Ben Jonson，原名为 Benjamin Jonson，1572—1637），英国剧作家兼诗人。除了莎士比亚以外，他是文艺复兴时期英国最著名的剧作家。——译者注

② 博蒙特—弗莱彻（Beaumont-Fletcher）是两位英国戏剧家，他们合作写了十多部戏剧作品。他们的名字分别是 Francis Beaumont（1584—1616）和 John Fletcher（1579—1625）。——译者注

把装饰性的反义词放在经典派的单色论点之处，形式的本质保持不变）。而从这一观点出发，梅特林克的沉默也不是什么新路子。因为他的沉默只是对措辞的沉默，可是这些措辞却不断地呼啸而来，并为简单的文字投下深深的阴影。可是，即使在这些剧本中，命运也是确定了的，而人和事物其实并不存在，他（它）们只"意味着"一些东西——人们只是不对我们说他（它）们所意味着的东西。可是，这种东西似乎是可以说出来的，而且戏剧的所有主角每一个瞬间都欲言又止，只是没有人把它说出来，也决不说出来而已。（我认为卡斯纳率先在这些人身上注意到了这一点。他说："他们的沉默与布朗宁笔下人物中的许多话语相似：一些人的沉默和其他人的言语只是一种效果而已，即人们看得太清楚了，他们也属于两位诗人的哲学。"）

在赖因霍尔德·伦茨[①]和奥托·路德维希[②]的悲惨尝试之后，霍普特曼——以及与他并无关联的几个非常年轻的诗人——率先走上了这条道路。属于他们的还有贝拉·巴拉茨，而且完全不言而喻的是，他的批评家把他放在易卜生和梅特林克的背景下看待，他的整个方法——尤其是易卜生的情况——与他们完全相悖。像在他的作品中一样，在易卜生那里一些东西是如何成为象征性的？在易卜生那

---

① 赖因霍尔德·伦茨（Reinhold Lenz，1751—1792），德国波罗的海地区狂飙突进时期的作家。——译者注

② 奥托·路德维希（Otto Ludwig，1813—1865），德国作家。——译者注

里，象征性的东西把所有特殊的生活都吸收进来。索尔尼斯塔不再是真正的、简单的、由石块建造的塔楼，问题在于，伟大的建筑大师能否站在尖顶上；罗斯默斯霍尔姆的白色骏马不过是老城堡中老仆人的迷信，白马在罗斯默和丽贝卡面前疾驰而过，而且，勒夫博格的书、鲁贝克的雕像、博尔科曼儿子（在夜间挂着银铃一起飞驰过去）的雪橇，现在都是他们自身的影子，它们变成了象征，仅拥有了一种"意义"，可是其实都已不再存在了。因为它们所意味的东西，既独立于它们，且又强于它们，因为表达意义的词语在它们身上投下的阴影使事物本身消失在我们眼前。在贝拉·巴拉茨的作品中，也有一些象征。漫游者也是一个象征——可他应该意味着什么呢？我不知道。更好地说，我知道他是一个漫游者，走在塔特拉山的一条小路上，心里怀着宿命，而另一个人的心也已经成为命运的战场。一个漫游者，邂逅了一个姑娘，他们开始交往，直到彼此再也不能掩饰该说的一切。一个象征吗？是的。可是象征着什么呢？象征着一些瞬间，其间的一切都是象征性的。象征着感觉，象征性的东西只是一种看法，使起着象征性作用的光线从内部照亮事物。可是在这里，只是一些光线落到事物之上，并且它们用自己的光在其不可改变的三维的躯体内固定下来。它们开始发出光芒，可尽管如此，事物仍旧保持不变。

因为在这部戏剧中，一切都是真实的，并且一切都被提高到象征性，不过，尽管如此，没有任何东西也从未有任何东西完全地和彻底地成为一种象征（这一点在霍普特曼精彩的《皮帕》中完全成功了，这让人们感到绝望）。超人的力量干预了许多人的命运，并以不可抗拒的力量将他们带走。他们生活在无数微小的、琐碎的、毫无趣味而言的、毫无意义的事情中，并且他们突然注意到，虽然无法用言语表达出来，但是有什么东西在驱使着他们前进。然后，万事万物似乎都只是上帝的陪衬，仿佛人们听到上帝的翅膀掠过树丛的呼啸声，仿佛它们的影子隐藏了所有的黑暗。这只是瞬间的事，而随着这些瞬间的消失，树木仍旧是树木，平凡的人仍旧是人，而对他们命中注定的东西的回忆在他们身上仅仅以一种不可表达的恐怖形式继续颤抖着。

贝拉·巴拉茨的对话在寻求这种透明度。在黑贝尔作品里，也在易卜生作品（和在所有追随他们的人作品）里，都有一些包含一切的句子。我不想谈论最著名的人物、不想谈论大希律王，可是我们仅仅想到索尔尼斯和希尔达①的宏大场面。这些以无以附加之强度进行的格斗能够是什么，如果不是令人难以置信的，可以说是用数学精确写成的短语表述每一刻在两个相互或与自己本身斗争的心灵中自我改变着。他的抒情力量和戏剧张力或许来自激起成形的素材与成形之冷漠言辞的矛盾的奇特相互作用。贝拉·巴拉

---

① 索尔尼斯和希尔达（Solness und Hilda），是易卜生笔下《建筑大师》（*Baumeister Solness*，1892）中的人物。——译者注

茨的对话风格不同；他的抒情诗主题更广泛、更流畅、更简单并且知性较少。在那里，被锤炼成的套语做着直线运动，在这里，它们以不可思议的方式围着文字打转；然而，这并非是完全保密的，而是表达出来，然而却带有做作的片面性、做作的不完美，是做作出来的"自然主义"，始终保持在相关人物和给定情况的语言表达可能性之内。尽管如此，这种由于紧凑导致的张度如此之强，以至于文字变得通透、透明；我们猜想在它们的背后有黑影在移动，可永远无法看清楚它们背后是什么。套语或许确实有：一部戏剧的风格化使对话变得透明，使对话成为一扇窗户，通过它，人们就能够观察到一切；其他戏剧则只使对话变为半透明。

2

人物。最悲剧者是处于中心地位的人，命运的波澜越是远离中心点就越平静。玛吉特·塞尔帕尔（Margit Szélpál），而且她的右边和左边分别为安德烈·索耶尼（Andre Szögyény）和贝勒兹奈（Beleznai）。在这两个男人身上显现了她的命运，而这两个男人的命运正变为她的表象。并且，两个男人没有她那么悲惨，因为他们与她相比较——在人性方面——要少些，这两个人的生活倒不如说是按照一种特性建立起来的，而且这两个人中没有一个像她那样寻求完整的生活。而且，"知识分子"就在安德烈身旁；俄国天文学家当时会以压抑的热情创造出一些伟大的业绩，而其他人会在没有悲剧性冲击的情况下取得一些成就或一无所获。而卷起的波澜越来越弱，直至它们最后达及柳德米拉小姐，她只认可"精神上的"享受，并且感到无限的自在，因为她对科学感兴趣，尤其是自然科学，因此她对能够使她平静和让现实遁形的一切事物都有发言权并持有相应的观点。而在贝勒兹奈身边也有这样的漫游者，他将在后来才能在某地找到一个家，老医生带着无奈的微笑看着这个浮躁之人，年轻人无忧无虑地去爱，并且乐于陷在保龄球比赛、儿童房间和妇女联盟会议的忧虑中。

两个世界在这个人物综合体中相遇；玛吉特·塞尔帕尔夹在中间，在她的两边的是强大得犹如恶魔的、两个世界的强劲代表。这两个世界。老医生说，"口渴难忍的人，不会求其因，而是寻觅水。"两个世界。不是在知性世界和非知性世界对立的意义上——或者至少不是在此词汇的寻常意义上。有这样一些人，他们头一个和最重要的、决定一切的体验就是"我们"；而有这样一些人，在他们看来，"为什么"的问题是最为重要的。有这样一些人，他们的问题就是事物。也有这样一些人，他们在生活中寻求答案；也有这样一些人，他们仅仅能从生活本身得到对问题的一个答案。有这样一些人，他们的生活形式就是理解；也有这样一些人，他们的生活形式就是忍受。有些人只能从一个目力可及的距离忍受事物，而也有一些人，只生活在近处，即从近处生活。有这样一些人，他们想要得到一次满足；也有这样一些人，他们想要毁灭一个渴望。安德烈和贝勒兹奈，两个人，两个活生生的人，他们的活力不会消耗殆尽，即使人们还能累积长达数页的对立面。两个活生生的人，他们可受着一种凌驾于他们之上的力量所追逐，以便彻底耗尽他们自身的所有可能性，而且之所以如此，是由于生活紧张程度的无限性，他们生活中的所有稀奇古怪的经历都有了象征性的意义。安德烈的人类牺牲品之所以如此悲壮，是因为他不能够察觉到，他正在牺牲着一个人，因为他深刻的和看出所有原因的悟性无能为力地和盲目地在摸索着，"不会求其因，而是寻觅水"。贝勒兹奈发光的力量之所以面对玛吉特的弱点是无能为力的，是因为在她的心灵里还有焦灼的问题"为什么"，只有当她仍然能够说问"为什么"的问题没有意义时，她才是真正伟大和强大的。

　　玛吉特站在冲突之焦点上。她是一个提出问题的女人，却必须以女人的身份回答这些问题。可是，在"为什么"这个问题的世界里，却没有女人的命运（只有被遗弃的女人们在远处哭泣）以及在女人的命运中没有"为什么"。这不是"对立"的"问题"："生活"或"女性气质"。这两位科学家不是在问题的形式中过他们的生活——而是在事件丰富的生活中，事件的多姿多彩只是一道帷幕，在它的背后的无声问题在不间断地斗争着。"科学"和"生活"（仅从必要性上，我为难以形容的生活感受使用这些词汇）

只会使生活的形式变成悲剧。只有当它们的强度如此之大，以至于它们吸收其周围的一切，当它们深入到人类生活的所有表象时，当它们如此至深地包裹着心灵时，以至于它们仅仅仍是通过这些框架经历着一些事情，才能进一步接近那些事物。玛吉特想要实现两种生活形式，而人们是不可能同时实现两者而不会招致沉沦的。这里，女人最深沉的悲剧表明了，她还不是一个整体，在她心里，男子生活的差别还没有相互分离——这些差别在男人心里已经区分开来了，所以她就只能同男人们一起共同过日子。他们的生活仍然是全面的、统一的、不分彼此的和无所不包的；可是，没有协调一致，人们就无法进行努力。许多事情需要进行总结。并且，谁想在所有事情上达到最高的强度，谁就不能也想达到它们的广度，因为这一点只能通过牺牲另一点来达到。因为，只有通过片面性，人们才能达到终点，而全面性既是女人的至高无上的伟大之处，又是最深沉的、最现实的悲剧。"为什么男人的特性既不像安德烈也不像贝勒兹奈呢？"——首场演出之后，一个女人提出了这个问题，可是男人们却能——在同一时间里——或者像安德烈抑或像贝勒兹奈的样子，因此真实的女人就不会也从来不能承受他们中的任何一位（现在，我清楚地听到所有男性"柳德米拉"和女性"柳德米拉"的最激烈矛盾）。

科学在这里只是一种"象征"。它之所以存在，是因为它能够最感性地、最直观地表达那些生活在"为什么"问题中之人的生活。两部"书本的悲剧"都围绕着玛吉特的悲剧写成。她两次都从一个男子手里接过一本书，并且这些动作都是伴随着梦想破灭、心灵远离的姿态和无声的评论。她先是从安德烈手里接过一本"共同的"书，以便把只属于他的东西归还给他，让他终于走上自己的路，因为她无法按照梦中想象的道路那样走。他记录下的共同爱情以如此的方式侮辱了她的灵魂，羞辱了她的渴望，蔑视了她的天性。他们两人都没有按照玛吉特的梦想和希望写这本书；而强调一起写作，反而表达了他们永远不会一起写书。贝勒兹奈也在书中寻求一种共性，他是想通过读书将自己提升到玛吉特的水平（虽然他按照这种方式永远不能提高到她的水平，而且在他自己的道路上并没有必要提高自己以期接近玛吉特）。这种寻求共性的做法也是不可能达成共性的一个信号。玛吉特徒劳地拿走他的书；贝勒兹奈自豪地确信，即询问原因毫无意义，而玛吉特的胆怯、颤抖的期待，即从这些大胆的吹嘘中听出了真相，他们的真相，远在天边。

此外，居家和远足的旋律作为无声的伴奏就在那里。这时玛吉特又站在关注的焦点上，正是道路纵横交叉的地方，站在她身边的是那个变得悲情的人，他始终在路上并且只渴望能有个家。这时朝着周边卷起的波浪越来越弱，一边站着些懒散的流浪者，另一边是些朴实的庸人。

可是——幸运的是——只在我们以这样的方式把生活在其中的人之命运归类时，这出戏才会合理化。贝拉·巴拉茨的手法很轻巧。他只通过人物的安排来显示他们命运的性质，这种安排根本不会限制他们的活力。并且，在他们的相互关系中，伟大的相遇瞬间都是无声的，充满了无法言喻的喜悦。而陌生感和误解是如此之深，以至于它们决没有由这些相遇来表达出来。在这里，大多是复杂的感受没有予以分析，它们只是以强烈闪亮的多彩的画面呈现给我们。贝拉·巴拉茨看到最复杂的人际关系，他为此寻觅着最简单的、最质朴的、最明显的表达方式——我想说——最粗略的表达方式。他在寻觅两个人的深层感性的、画面感强烈的对照，在其中，许多错综复杂的、难以分析的心灵动机的所有后果都以涌动的情感形式表现出来，如同我们习惯于想象所有原因一样。可是，他并不分析原因；似乎他觉得任何分析都无法穷尽无限丰富的原因，它们的可怕力量恰恰在于其不可分析的本质；他并不拆解人们无论如何都无法拆解的东西。而且根本没有提及，安德烈是否"爱"玛吉特或者她是否"爱"他，贝勒兹奈是否"懂"玛吉特或者玛吉特觉得生活在他身旁是否是"令人满意的"。并且，关于许多更细微的、更难定义的事物谈及得就更少了。

这种开端是哈特曼的路子（并且在非常普遍的意义上，是重新启用了莎士比亚的方法）。而且对于我们来说，我们之中的某个人走上了这条道路，尽管他只走到能够看见此路的头几个弯道的地方，这难道不是一件更大的乐事吗？而我们在这里谈论的是更多，更多，更多。

托马斯·曼的小说
《国王的神圣》

    即使托马斯·曼的这部小说也像《布登勃洛克一家》一样是一部走向衰落的史诗，只是……然而我们稍后会论及这个话题。托马斯·曼的每篇著作都谈论衰败，而这部宏大的、平静的、将单调风格化的、编年史般的史诗最完美地表达了这一点。托马斯·曼的语调是一种真正史诗的语调，如同今天最多仍是塞尔玛·拉格洛夫和亨利克·蓬托皮丹的语调，可在他的著作中，这部史诗及其整个宏伟场面——比他们更加有意识——是今天所看到的结果。我说：托马斯·曼看到走向衰落的趋势；他在静止的表面后面看到了肉眼所看不到的工人们——他们实施破坏的工作，他能够如此看到和描写一个人生活里的一天，以至于我们必定从简单、客观描写的小事件的进程中有所感觉：正在走下坡路。并且，伟大的即强大的时刻只是一种提升，即对一些东西的认知，而我们似乎没有意识到它，或者我们完全没有承认过它的存在，在心底里却已经做了准备。托马斯·曼看到万事与万物的相互关系。在他的著作里，最小的事物实际上都在标志着生活的状况，但并非是——像左拉那样——令一个用浪漫色彩勉强风格化的小事变成整个生活的象征，而是大致如此，以至于整个生活实际上全然由这样的小事情来组成，如果其中的某一小事——偶然地——由于过往岁月千重类似的小事情而引发的感觉——这些感觉很长时间以来都期待着爆发，这个小事件就成为整体的象征；以至于当其中一个重复——又是偶然地——经常且明显地出现时，我们同样将其视为象征。这正是灰色单调的宏伟，即无限单调和琐事的宏伟；并且它是一种感觉，即构成了真正的小说的、几乎无法一目了然之数量的、小的和灰色的事件，它们只是生活本身无限单调的极小部分，这些细小事件使得单调具有了无限性、宏伟性。而这些事情被讲述的方式还更多地强调了这一点：恰恰是通过不强调事物，由于按年代顺序用干巴的严肃态度和不带主观色彩的态度来叙述它们，没有强调，没有突出一些东西，甚至把最小的事情也看作是重要的。

当然，尽管如此，托马斯·曼并不是"客观的"。他的客观性只是一种姿态，在此姿态背后，隐藏着抒情诗——像在每位真正的诗人的作品里那样。但是在这里，从这种干巴的不带成见说起——他自己在《托尼奥·克勒格尔》中也描述了这一点——谈到对生活的一种特有的热爱，对生活的一种奇特的渴望。这就是对生活的热爱，可这种"生活"意味着简单，简单的幸福，简单的满足，能够毫无问题地顺从事物的发展过程以及简单地归属到人类社会。托马斯·曼表现了事物的诗意，他采用的方法是隐藏在诗意的背后，因为他为这种爱恋有点不好意思。不仅是出于一种自然的羞耻心，还因为所有渴望之爱都是毫无希望的，因为托马斯·曼从萨沃纳罗拉的话中知道，他的洛伦佐·德·美第奇只有到了临终时才感受到："我听到一首歌——我的歌——一首充满渴望的歌……吉罗拉莫，你们还没有看透我吗？渴望驱使走向何方，不是吗？人们并不在那里——这不是人们待的地方吗？然而，人还是喜欢把人与其渴望混淆起来。"托马斯·曼也许始终而且或许也曾知道这一点，即人们并不会像他那样爱着简单的事物，不要那么渴望、那么温情、那么理解，从中挑出最简单的简约和最细微的共性；这种简单的生活比他所渴望爱抚的目光所看到的要"有趣"得多，并且它似乎没有理解这种爱，反而感觉这种爱是侮辱。所以，他不得不把这份爱恋隐藏起来。

然而，或许客观性的存在从来都离不开某种讽刺；把事物看得过分严肃总是有些讽刺意味，因为在某些地方必然存在着因果之间的巨大差异以及召唤命运和已经召唤的命运之间的巨大差异。事物的平静进程越是自然，越是强调它们的简单和外在的渺小，这种讽刺就变得越真实、越深刻。诚然，只有在《布登勃洛克一家》中，这一点才如此清晰和如此泉涌不断。在后来的作品中，这种托马斯·

曼式的讽刺变得多种多样了，可是其最深的根源却仍然是，这种从伟大的自然植物群体中痛苦撕裂的感觉和对它的渴望。当一个这样的人还是接触到生活时，这种新的、讽刺性的语调来自欲望本身的、悲喜剧式的不可实现性、孤立和孤独的滑稽悲剧。生活——虽然它的本质即使现在仍然"简单"——有一种非常复杂的构思，现在更多地脱离了概念的束缚，自身带来各种不同的悲剧，并以越来越严酷的压力将外来的人推向可笑的境地。在托马斯·曼的中篇小说和他的戏剧随笔（人们几乎不会把《佛罗伦萨》称为别的名称）中，事物的诗意以抒情的方式向我们诉说：它们传出对生活渴望的声音，巨大的反差在怪诞的尖锐和奇妙的对峙中剧烈化。可是，正是因为它们的多样性构成了生活，所以才难以把它们其中的一个从整体中剥离出来，并将其作为独立的、对生活重要的东西来呈现。这很难做到，并且只在情节中，在悲喜剧的冒险中、在荒诞情况下才能成功，而且只有在升级到漫画——尽管是具有深刻象征意义的漫画——的案例下才能成功。在最重要的即最深刻的可能情况下，人们不能把案例完全并彻底地从大群体中分离出来，并且托马斯·曼仅（在《特里斯坦》中）成功过一次，即给予理论上的问题观察以一种深刻的讽刺形式，这种观察把案例与群体联系起来；在最重要的和经过最深思熟虑的案例中，理论仍旧是理论，并把戏剧和中篇小说的形式撕得粉碎。只有在伟大的史诗中，他的大厦才不需要任何理论上的修补，因为在这里，他不必强行将生活的浩瀚浓缩成一个象征，并且斜面上缓慢滑落的悲剧不需要在一个情景中进行总结。尽管如此，在第一部小说面世七年之后，他现在才出版期待已久的第二部小说。

首先，与第一部小说的相似之处是引人注目的。相似的人们操着同一种语调，抱着同一的看法和有着相似的命运关系。一个家庭的走向衰落也是这部小说的题材。作为统一体、作为伟大生活的中心之家庭，它承接来自各个方面的光束，它就是框架。而一个家庭生活的诸多小事件，洗礼、抚养孩子的烦恼、父母的生活抗争以及体现他们生活的行为，都是向我们展示时间是如何流逝和家庭是如何走下坡路的。生老病死都是生活缓慢延续的标志。并且，它们同时也是衰落的标志：尊严的变化、面对生活的姿态和态度的变化。这种发展从天真的自信心到有意识的风格化，并且在这里已经就有了衰落的萌芽，因为有意识的姿态随时可能转化成讽刺，而且一切只是以讽刺方式的所作所为已然过分并可能成为它所表现的东西之滑稽模仿——并且从这里开始，然后只剩一步之遥即到了丧失态度，到了完全堕落的地步。因为生活就意味着：降生于群体之中并履行义务，可是堕落出现了：当对他们唯一可能的存在的安全信念发生动摇时，当他们遇到问题时，当他们不得不通过风格化提升到浪漫之美，以便让人发现他们的美时，当人们不得不认可他们的美，以证明他们为美而生活是值得的。每一个问题会把发问的那个人孤立起来，每一种风格化都把他与他的风格化之对象分离开来，并且一旦人类的聚合（或者更确切地说：人之群体、家庭的聚合）和他们事业的聚合丧失，使他们联系在一起的纽带就会灰飞烟灭，并且人就会失去活力；对人来说，事业就意味着生活，一旦没有了事业，人就荒废凋谢了。

可是，在吕贝克城市贵族家庭那儿发生的事情以及让我们持续感觉到的东西——即使此事从未表达出来过——这种悲剧已发生在一个毗邻房子里了，并将在下一代中波及到邻舍——在这里，我们通过德国一个小王侯家庭的经历来体验这一点。两部小说的素材不同，决定了它们形式的差异，并且这有力地佐证了托马斯·曼的深厚艺术功力，似乎难以说清楚这里什么是原因和什么是后果。因为我可能会如此来表述：托马斯·曼的观察比七年前更偏向中篇小说；更犀利、更尖锐、更抽象地阐述了情况和冲突；所以，这部小说的主题就是一个家庭的历史，其与周围世界的联系比其以前作品里的联系松散得多，并且它的典型性只是一种理论上的东西，仅此而已，据我们所知其他地方也有这类典型事例。然而依照同理，我也可以说：这是一个王侯家庭的问题，而单凭它的社会地位就从一般的群体中突显出来，这个家庭的生活古怪、非理性、"引人入胜"；这个家庭不得不生活在人类群体中，却与其保持着很大距离，这使得每次接近和邂逅的体验都直接成了理论上的典型事件，加强了中篇小说情节的尖锐化。因此，这部小说写得比第一部要概括得多。仅举一例：从那里的四代人中，他仅仅叙述了两代人；他的故事情节具有更强的独立性，尽管主要的虚构情节比较简单和尽量保持单线；人们的多样性勾画得比较清晰，而氛围较少充斥着他们的本质。而在上述的强调中，甚至显露出来某些软弱的举止，个别特征的夸张尖锐化，情绪的象征性手段的过于频繁和公开的运用；可这只是出现在某些地方，除了同样的丰富的感觉之外，主要的感觉是更强的概括性。

态度，即姿态，在第一部小说中曾经只是与事物关系的标志，在这里，它正在成为生活的内容，因为在我们的眼前展开的那里生活的那种凋敝，那种状态使得人们非常温和地变成他们昔日所处境况的代表，在这里则是开始的开始，是起点。王侯的使命是：只以曼妙的姿态陪伴着即使没有他们照样发生的事，仅仅赋予人间的事物以一种庄严的情绪，对于事物的演进他们本身则是多余的。因此，姿态就与任何情节分离开来，成为——未经抽象化——生活的问题，并且由于从一开始每一个实用性问题就远离了这些情节，因此在这里，接受召唤的问题就以直白的尖锐提了出来。在这里，姿态就是终生职业，是生活内容的代表。约翰·阿尔布雷希特亲王仍然带着某种天真的自信履行着他的"崇高职责"，可是在他的两个儿子身上，两种类型衰落的轮廓已经清晰显现出来。年龄较长的、较为典型的、比较聪明的阿尔布雷希特，看穿了他的姿态的空洞和漫无目的，看不起别人的生活，看不起他不曾了解和不可能了解的生活。并且，他用一种心安理得的傲慢姿态把所有的职责留给他的弟弟克劳斯·海因里希，自己从生活中遁迹了，似乎他从未存在过一样。克劳斯·海因里希仍然将自己的"崇高职业"视为一种责任，可是在他的这种责任感中，有多少已经是学会的东西，有多少是理论上的东西——即使带着天真的意识，可是却正是有意识的——享受他的仅为装饰的，即他自己装饰的效果！

履行职责在这里或许使人更多地从生活中脱离出来而成为职责的懈怠，这个问题以独特的讽刺加深了托马斯·曼的基本问题。姿态中的生活脱离平常的生活，而且生活将不可能重新建立起姿态原有的统一。兄长阿尔布雷希特对整个人生已认命了——而且或许这就是他如此深切蔑视自己该死的姿态注定永远空虚的原因。克劳斯·海因里希生活中最痛苦的经历是在他年轻的时候，他试图摆脱使他与其他人不同的姿态，想要像他们一样。这一尝试的结果是遭到一通令人寒心的嘲笑：那些以姿态为荣的人同时断定就是活在姿态之中的人，残酷的生活迫使他们回到注定作为宿命的辉煌中。克里斯蒂安·布登勃洛克的毁灭，还是因为他并不觉得他降生于其中的传统具有强制性，而他的兄弟之死，是因为他想要并且能够将这些传统强加于他的反抗本能。在这个世界上，即使一种斗争是不可能的，它消失不见了，化为虚无；想从出生开始就规定下来的轨迹跳出来的人，在这里甚至不是一个喜剧人物。

尽管如此，克劳斯·海因里希还是想了解生活，至少他想通过多观察而捕捉到生活气息，这是一出带有微妙讽刺意味的悲剧，如同其"崇高职业"之约束性力量变得越来越强，并且巡访封地的兴趣和动力越来越弱。然后，奇迹就出现了，发生了偶然大事件……

　　这部小说不仅在内在的技巧上，而且也在它虚构的故事上，都比第一部更具中篇小说的特点。那里的一切都是简单的和典型灰色调的，这里的决定性事件是丰富多彩的、中篇小说式之非理性的。一位生病的美国金元巨头在小侯国里住了下来，而克劳斯·海因里希则爱上这位亿万富翁的女儿，并和她结了婚，而且老先生动用自己的亿万资产来资助这个濒临破产的小国。而令人惊讶的是托马斯·曼的强大叙事力量，他借此克服了这部他虚构故事的中篇小说特点，即将故事的偶然因素视作起惊奇作用的东西，并将它融进简单事件的简单进程中去。纽带就是经历的共同性。老的百万富翁也来自第二代人，即来自走下坡路的这代人，这代人不再真正相信，它必须做些什么和必定设想什么；老的百万富翁身在欧洲，因为他不能再忍受自己的处境了。而他的女儿像克劳斯·海因里希一样生活在同一种与世隔绝的状态中，同样的渴望激励着她审视生活并熟悉生活，同样的压力驱使她重新陷入孤独。正如克劳斯·海因里希的形式是由装酷的装饰性动作以及由装作友善且又了无兴致的问题所构成，这样一种形式，他留守在其中成为了他一生的职业，对她而言在这种形式里就是与万物形成讽刺性的知性相对立。而她则激烈地感受到这种形式的必要性，以至于她虽然不断地嘲讽才智不佳的克劳斯·海因里希，他无力为自己辩护，可她根本不希望他为自己辩护；这只是她的形式，克劳斯·海因里希则有另一种形式，他不需要才智双全和思维敏捷。

不过，这种相互理解、相互欣赏的和睦关系仍将是冷冰冰的，只是他们两人生活中的一个插曲（因为这个姑娘不相信克劳斯·海因里希真的爱她——而一个克劳斯·海因里希却不可能为爱干等下去），如果生活中并非有如此多的东西将会展现在他们面前，有如此多的东西可能让他们来认识的话。连接他们的纽带会更强烈地使美国人角色中的中篇小说特色消失，因为正是他们本质的让人难以置信的部分——巨额的财富——在这里成为纽带。小国的一位部长向克劳斯·海因里希澄清财政状况，向他暗示，他的婚配意味着什么，他的臣民、他所钟爱的、忠诚的臣民对他的婚配有多么期待。于是克劳斯·海因里希变得认真起来，并且他的第一深切感受是"高贵的职业"，一种姿态。可是，姑娘感觉到在她身上发生的一切，都比她之前经历的任何事情都更接近她，不那么冷漠和排斥。而现在，克劳斯·海因里希不仅在家里研习国家学说，而且也给姑娘上课，而国民经济学的书籍却促成了他们之间的那种融洽，这正是克劳斯·海因里希非常渴望的。并且不久之后，幸运的小国就迎来了幸福的未婚夫妇，而岳父还清了小国几亿马克的巨额债务。

而尽管如此，在这个结局中，有一些东西让人有些不快，并且或许值得更仔细地看看这些东西。我认为，原因在于，它是由与小说其他部分不同的素材造成的。人们看

到更多的是颓废，而不是人们能够一头扎进幸福中，扎进
幸运的前景中。小说的进程曾经引导我们密切注视命运的
目光沿一条轨迹向下看，而结尾使这一过程戛然而止；然
而，小说确实给出了这场不可阻挡地滑向下坡路的情节发
展的起始，而且突然没有了下文。结尾挡住了小说先前的
情节发展。并且，阻止的速度也不同于小说全部其余部分
发展的速度。正如我们已经说过的那样，这一切的节奏都
曾是缓慢的速度，是几乎无法觉察地继续演变的，演变是
自然增长和凋敝的。现在突然出现一个新的转折，而且提
出了新转折的可能性，然而在此小说却迫使我们去看到，
始终只有预期的事情会发生，没有新的转折以及可能性，
只有旧的事情缓慢展开。托马斯·曼的叙事技巧无法容忍
这种突然的终结（即使在这种尖锐化的更加集中的形式中
也不行）。在这里，自然的终结只是沙漏里的沙粒从上面部
分向下面部分的缓慢滑动；或许根本没有必要做个终结，
因为万物的进程——"速度就是方向"，这是吉卜林（Kip-
ling）引用过一位德国军官的话——无论如何都不可避免地
让我们看到结局。总之，托马斯·曼在他的新小说中无法
克服他虚构故事的中篇小说特点。

　　但是，终结的弱点只是削弱了结局，并不影响对整个
小说的回味。托马斯·曼的不朽是基于他出众的视野上的，
而不是建立在他的框架、他的构思之上。这就是说，第一
部小说的出众只是事后的美评，从这些赞誉中生长出来，
在其丰富性中获得滋养。这种并非计划好的东西，并非想

要的东西给予他的第一部小说以最深刻的典型，即超出于所有世俗的普遍性。这一点并非承认，"更为有趣的"虚构故事和"较为有趣的"形象以及第二部小说有些地方的夸张写作方法将其贬低为一部一般"有趣的"小说，一旦这种"有趣性"稍有破绽出现，这部小说在此瞬间就必定失去其价值。托马斯·曼的著作决没有起到完全新的作用，我们在阅读它们时绝没有下述感觉，即写下这些著作的墨迹几乎尚未变干。在他的笔下，正在衰落的市民城市贵族依然存在：随着雄厚资产缓慢转移的贵族气质。

通往旷野的路

(阿图尔·施尼茨勒*的小说)

对这部丰富和美好、细腻和有力、有趣而感人的小说，人们只能提出决定性的、原则性的反对意见。谁不相信形式，谁不相信在写下第一个词汇和确定范围的时刻（更不用说更深层次的艺术问题），一切从一开始就已经完成了，而且实际上完成了的东西，在其成就之中——与抽象题目的要求相比较——是可以确定和可以衡量的——因此谁就像所说过的那样不会相信所有这一切，他也就不会对这部小说提出什么异议。他将结识许多有趣的人，并从他们的生活中了解到许多产生强烈同感的、照亮心灵深处的情况和时刻，而且——如我相信的那样，而今这对许多人来说都是首要的事情——他将对于一个重要的大问题，即犹太

---

* 阿图尔·施尼茨勒（Arthur Schnitzler，1862—1931），奥地利犹太作家、小说家、剧作家。代表作有《绮梦春色》《轮舞》等。——译者注

问题，找到许多总是颇有见地的、往往中肯的评述并鉴于所提问题找到相当多的典型人物和症结所在。

我不想显得过于教条，所以我只是尝试着写下我在阅读时的感受。简而言之，在每一种真正伟大的事业中，在作结论的时候之前所发生的所有事情都会涌上心头；对于许多曾觉得是多余的东西，人们现在认识到，它曾经是必要的；许多在第一印象的时刻曾经轻易忽略的东西事后会使人感动，而过度的多愁善感或许在正确的视角中获得一种讽刺的意味。这里的情况正好相反：所有重要的、令人兴奋的、读起来感人至深的东西，到最后回想起来时，都会有一种烦人的、不愉快的滋味，甚至那些留在记忆中的东西也是多余的，在我读它的时候，其决定性的重要性似乎丝毫没有遭到怀疑。为什么呢？我想，是因为这部小说的比例不对；无论从什么角度看，它都不能传达出一幅统一和相互关联的画面。最后的印象是：一个故事或者连个故事都算不上，构建在一部（或许几部）小说中，无论每个故事多么聪明、细腻和惬意，它们都会破坏其他故事的效果。

据说，施尼茨勒想写一部关于犹太人问题的小说。或许吧，可是后来给我们的感觉只是，他写就了一系列灵巧和无关痛痒的专题文章。发生的事情，即发生之事充满细节并且占据了小说绝大部分的内容，与这个问题毫无关系。应该使大多数读者感兴趣的人物——施尼茨勒希望如此——并不是犹太人：他们只不过也有犹太熟人和同这些人——

在最可能的和最不可能的场合——谈论此事。因此，小说的基督教主角仅仅是个敏感的平台，它接收着四面八方汹涌而来的图像；平台故意保持无色，以便它完全纯净地反映出问题所在。或许吧，可是这样一来平台就处在前景位置，就显得无聊、不舒服和多余了；令人不安的是，他们生活中已经发生的偶发事件掩盖了主要的事情，将这些观点以小说的形式写出来也没有好处；整个小说只是赘述，还不如马上把这些对话写成一系列专题文章，因为它们没有因为拼凑成小说而得到任何的提升。

小说的人物——也像最近戏剧里的人物一样——都是青年素描人物，但是已不再年轻，或者至少处于成年的边缘。其中有头发花白、变得秃顶的阿纳托尔人，人生道路已经走下坡路的生活美学家，情绪无政府主义者，他们仍在玩弄一切，然而生命已经开始从他们的手里溜走，他们的戏份慢慢呈现出悲剧色彩，他们业已渴望真正的生活，渴望一种归属感和责任感，以便他们在失去它时会退缩和哀悼，因为它确实在他们的生命中出现过。这也可能还是犹太民族的小说。然而在这里，整个犹太民族自然似乎只是象征，也就是说，是无家可归的、无根可寻的、永远漂泊的、大城市的生灵的象征，即"知识分子"世界的象征。这只会是背景，然而却是令人振奋和必要的，因为这些人物形象的特征，他们——在更深层次上说——缺乏本能和他们只受自己的情绪所支配的状态，他们的无情和温情的责任心、冷漠严酷和多愁善感，他们的生活安排只由内心来决定；与此同时，这些决定因素确实还完完全全取决于外部条件，即使不是特定犹太人的，那么在这群人之半数的犹太人中，它们比其他任何地方都具有更明显的特征。这部小说的开头就好像施尼茨勒想要与这些人进行最终清算似的，因为他搜集了所有类型的人等，讨论他们的所有可能性，并且这在广度和如此完美方面进行清算，好像这本身已因限于一部戏剧的规模而不可能做到了。所有各类人等都在我们面前亮相而过，从轻浮的假绅士直至粗野的信仰狂徒，从黑达、加布勒、羊皮小人直至因亵渎君王而被关押的女同事们，以及一代又一代的人，从最终筋疲力尽的人和将信将疑的认命者直至仅仅在其言语中并非幼稚的不成熟者。他们中的每一个人都感受到了自己生活流程中的问题，即使这种必要性已经深深扎根于他，以至于认真尝试改变自己就像自杀一样，他仍然在谈论：热情、机智、聪明、准确、有趣，而且很多、非常之多。这是对纯印象派生活方式的批评。在一次——正是在他们中间——罕见的私下聚会中，两个兄弟（一个处在小说的中心位置）谈起他们的生活和他们生活中最重要的事情。此事听起来完全像一种清算一样，即年长些的外交官向年轻些的音乐家所说的话，讲述了他的一段关系，讲述直至这一天为止一切是如何毫无目标地发展的，没有规划，他们似乎不曾知道会变成什么样子。"是啊，这相当好啊"，回答如是，"问题仅仅在于，人们是否在重要的生活事情上有某种必要作出规划来"。

这意味着，谦虚，"态度"，市民的简单"正直"有可能战胜陷入色彩细微差别的大海中的"知识分子"。施尼茨勒运用这同一姿态——我仅在众多例子之中引用几个——他用姿态将普通双簧管演奏者描绘得比格奥尔格·默克林更高一筹，后者拿自己的以及所有他人的命运当作儿戏（木偶表演师），或者，即使头脑简单的贵族骑士也还表明是比伟大作家吉尔贝特以及与他不相上下的伟大诗人（《文学》）更好的人。然而，这笔清算却没有记录下来。这位年轻的贵族作曲家与他遇到的所有人以及以犹太人为主的知识分子一起演奏，他的命运使他处于一种严肃的境地，他本可以通过紧紧抓住世代相传来成长和转变（通过同他所爱的女人结婚并作为劳动者在家庭圈内生活的人），或者他通过学习，即使他最伟大的爱情也不足以让他保持已有婚约的幸福，为的是如此带着无可奈何的充实感，踏上一条已是高质地的、终生献身艺术的孤独之路。这两种情况都没有发生。他爱欲的能力，对于第一种来说太弱了，而他的体验能力对于第二种解决方案又太肤浅了，并且因此，一位美丽的和坚强的女人的不幸以及一个孩子的生与死，成为他生活中的纯粹插曲；对他来说，这些插曲仅仅意味着一个美好的冬天和一个春天，仅此而已。在那之后，他依然是他的老样子。从这个角度看，这本小说是一个令人疲惫的循环。我们走了很远的路，回来后看到我们就绕了一圈，我们已经到达了我们开始的地方，甚至我们从未真正离开过这个地方。主人公的冒险之所以被赋予了分量和意义，只是因为它似乎不仅是永恒的情节，在它被证明是如此之后，就失去了一切有趣的东西，我们感到受骗和愤怒，因为我们有更多的期待；从这里可以看出，小说的比例遭到破坏：这个不是使所有人感兴趣的，也不是很重要的贵族，他与其他人既相似又有所不同，他占据着中心位置，以至于他似乎能够战胜一个其他人出生与死亡的阶段，待到确认他和他们是一样的那个时刻，他们就使他黯然失色，只有变得更加无趣，更加无足轻重。

可是，当我们把他当作中心时，整个小说就是多余的了。发生在他身上的事情是一个忧郁而美好的插曲，他的生活中细节丰富，但整体贫乏而空洞。施尼茨勒展示出现今的整个维也纳，以便为他曾与之相好的和蔼可亲和举止文雅的姑娘提供伴奏、背景和照明。

无论我们从哪方面来看，这部小说都分崩离析了；如果我们仅仅观察它是如何被构建起来的，那么就没有一块石头仍旧留在另一块上面；它的所有比例都不合适，即使我们把它看作是一个唯一有机的相互关联的整体也是如此，并且我们并没有把它看作是混乱且微妙的混合体。小说未经深思熟虑、未经反复推敲，并不像施尼茨勒曾经写过的几乎每一部更伟大的著作那样。克尔关于《孤独之路》的说法适用于它："诗人没有给出混乱的表象，而是表象中的混乱。"而施尼茨勒越受自己发展的驱使以达到更真实的深度和更柔美地描绘心灵微妙之处——在此方面，这部小说如此之丰富，如此之细腻，如此之美妙，是这位真正精致

的文体学家而今非常少有的最美好的作品之一，所以更加
令人痛心的是，人们只能以这样的方式来撰写他的事，以
至于今天的绝对的形式缺失本身甚至可以通过最有艺术敏
感性的作家来获得力量，可以摧毁他们对形式、充分的表
达、结构和比例的自发和健康的感觉。

蓬托皮丹的中篇小说集[*]

　　这些中篇小说能产生使人愉悦的巨大效果之原因是：它们的作者是个男子汉。虽然我们对这种"人性"作用的信任已经消失，并且这是有充分理由的；因为此类毫无价值的同情心往往遭到滥用而使人产生了那种厌恶感，而它是由于无果地玩弄细节差异、媚俗的情绪或滥用经历才袭扰我们的。而且，现今人们评判美学家所说的那种简单"人性"并不比这更高贵些，也绝不比这更有价值。美学家只是其内心世界的语言学家，而"人性"的艺术家只是内心世界的编年史作者。可是，二者都处在与他们的经验"自我"之详细体验的一种不自由的关系中，而我们对这些体验是不感兴趣的。无论这种缺乏自由是因为前者是语言学家而一丝不苟，还是后者如一家之父般尽职尽责，充满爱

　　* 蓬托皮丹的中篇小说集题名为《家里的魔鬼》，欧根·狄特里希出版社出版，1910 年。——译者注

心地将每件琐事都录入家庭圣经中，都没有什么区别。只有他超越了唯美主义，它使他个人及其作品免于淹没在经历中，其生活内容完全符合形式的永恒范畴，从而通过独立于创作者的"人格"而在自身中得到完善和解脱。

如果我们从外面来看，那么蓬托皮丹的中篇小说集诚然也是完全有个性的。最后一部中篇小说甚至以一种战斗情绪的纯粹抒情表达而收尾：以战斗性的情绪对抗浪漫的激情。这部完全北欧的和新教的书之每一页都是对不受约束之本能的一种无情、激烈的抨击，是以自我为目的而发起的对任何感官激情或精神的抨击。为了这场斗争，蓬托皮丹不得不在这些中篇小说中塑造出内心世界更加不同的人，他们的悲剧是由半懂不懂的言语和几乎没有觉察到的姿态决定的。被误解的人灵魂破碎了，他必须让我们所有的感官都能感知到他们，这样我们才能感受到他们周围的气氛。在他的作品中，这种气氛却以一种古老的叙事风格通过刚劲和纯粹的线条表现出来。因为蓬托皮丹仅运用了中篇小说常见的旧有塑造手段，然而他完全不是个全盘接受这些手段当作形式的艺术家，所以这些人仅仅使其言辞和动作的感官力量发挥作用。凭借他刚毅的男子汉气概，他相当于老说书人的类型。他也经历了同样的形成过程，从看到一个决定性的逸事到以客观、感官和道德化的方式讲述它。这样一来，蓬托皮丹在他的作品中创造出与古人有某种类似的一些东西，然而却处处都充满了我们的内容。

中篇小说中总是有些寓言性的东西：既有趣的且又有

启发性，纯粹感官的却又宣扬道德的东西。仅从它的事件的特殊性来看，似乎并不能证明其叙述是有道理的。然而，旧道德观念比较简单：它与普通人的简单行为直接相联系。按照这种方式，比喻能够保持纯粹，因为逸事的感官力量和其道德教义的绝对性可以毫无区别地共存（想想《古罗马人记事》）。今天，这两者交织在一起。事件的感官性由对有精致生活形式的精细分析所吸收，而道德观念则变成怯懦的和忌妒的怀疑主义。回归纯粹的分离只有通过仿古才有可能。然而这样一来，人们似乎还是必须不仅把人简化为漫画般的原始和直率，而且以相似的方式变得冷静和简单的道德只会成为一种艺术演出的加演。对人性—道德的评价和事件的简单叙述结合的必要性，这就是中篇小说形式的巨大危险。然而，正是因为这个原因，它也可能意味着它的提升和充实的可能性：它的比喻变得具有象征性和塑造的人物拥有神韵。这就是蓬托皮丹走过的道路。他的中篇小说总是有一个观者，他经历着其主人公的心灵悲剧，有一个兴致昂然的和毫不知情的观众，所有的灵性都为他融入了用敏锐的感官捕捉到的图像中。并且在每一个图像之后，他必然会对发生的事情及其原因作出一种判断，然而接下来的一切只能证明他的判断的草率性和偶然性。而且，判断的这种犹豫不决，是随着强烈作用的情况之不断变化而产生的，它给出的对人类心灵生活复杂性的印象要比非常精细的分析更加深刻得多。因为这种分析总是显示出表面上正确的动机，从而使心灵最终的、莫名其妙的神秘非理性变得平淡。在所有面纱落下来之后，道德、教义，只显示了要点，即最后的评价。即使这一点也是完全感性地做到的，可是——它已充满了对怀疑现今教条道德的种种猜疑——它仍然还是清楚的、鲜明的和不会产生误解的。

形式是一种男性专属的表现手段（女性和"优雅"男士在最好的情况下都有一种技巧，而且可惜总是有趣的自我揭示）。所以，未把阳刚之气当作核心价值的时代永远不可能达到纯粹的形式，他们甚至会怀疑形式真的具有什么现实性，说它只是顽固理论家们的教条。像蓬托皮丹这样的人，仅凭他的外表就驳斥了这样的怀疑。事情好像是，他根本就不关心形式，然而以一种朴实—简单和阳刚的方式说了他要说的话，他达到了永恒和无障碍的形式。并且我们非常高兴地感到，形式在一种真正男子汉的任何真正表现中都会重新产生出来，而且奇迹般地让人们认识到，所有如此产生出来的形式都是相互类似的，并且它们中的每一个都要由同样起防护作用的和有联系的法律盔甲来加以装饰。

补　遗

尊敬的先生，

如果我不能完整地回答您的询问，我深表歉意。关于每一点，如果只是略微详尽地讨论，就必须写一整篇文章，而另一种只以简单的是或否的答案，您大概几乎不会特别感兴趣。因此，我将试图简要总结我觉得是本质的几点看法，并指出个别人物及方向，仅作为示例和说明。

每一个认真关注德国文学的人，都会最强烈、最痛苦地注意到它的迷失，注意到它的作品中缺乏思想，尽管个别作家颇有才华。在今天的德国，没有一个真正的作家，其影响超出了志同道合者，即"内行"的小圈子，即使偶尔有一个作家获得了所谓的巨大成功，也是如此偶然，循环往复，甚至对相关作家的整体创作效果也没有什么意义，更不用说他能对精神渴望的胜利或对风格的追求（这两者实际上应该是一致的）产生影响。诚然，即使德国真正诸伟大时代的作家也都是孤独的，并依赖于他们的小圈子：

可是一个这样的小圈子意味着，大致有如浪漫学派，事实上所考虑的就是整个德国。当时，作家们在某种意义上也是孤独的，因为那时的德国只能产生非常小的圈子，在其中，作家最深层的意图和最终的意义必须进行具体化；可是，歌德和席勒，甚至其实还有黑贝尔和瓦格纳，确实代表了整个德国。可是今天——这种发展是自 1870 年以来最为明显的——有一个"所考虑的"、大而宽广的德国——然而，在这个德国，没有统一文化取向的痕迹，而且几乎只是一种沉闷的渴望，它的缺失表现为纯粹的绝望，表现为真正才华的消失，几乎无法采取积极和果断的措施来克服它们。最后一次的统一运动曾经是自然主义的。从社会的绝望中，从对现状的反叛中，从成为形而上学的唯物主义中，仍然出现了有可能对整个民族产生影响的作品（如年轻的豪普特曼、托马斯·曼等人的作品）。可是，这种世界观本质上只是对立的、消极的一面，即它的内在贫困，在于不仅要塑造绝望或听天由命，而且要寻求积极的意义、寻找一个英雄或一个崇高的人，寻觅在欢乐的情绪中鼓舞命运的人们。在那里，这种世界观及其成就风格的力量不得不败下阵来。这种失望的最终原因在何处，很难完全简短地表述出来：它肯定首先来自这样一个事实，即社会主义信念的激情只是因为特别强调抽象的义务，即未来的义务，即它只是源于这种信念——只是反对现存的东西，但对存在的东西却一无所知，既不是关于经验的，也不是关于超验的——而且没有任何艺术可以仅仅凭"义务"做很多事情。所以，这些作家的人性和艺术发展，如果不失去活力，就必须引导他们超越他们年轻时的信念；因此，豪普特曼这一代人中的绝大多数人在各个方面都失去创造力了。可是，豪普特曼本人正成为越来越深刻的人和越来越倾向暴力的塑造者。他在各个方面都是孤独的：一种无意识的思潮，即无言的渴望无处可寻，其生动的、救赎之词可能就是他的作品；他青年时期的部分作品比较薄弱的东西，在他最成熟的文学创作中已不见踪影：文化哲学的意义成为一个时代变得响亮的话语。在他的作品里，由此产生出来一种悲剧的冲突；其他人的情况是，只要他们仍然保持作为艺术家的诚实，他们就会得出形势的结论：他们成为了美学家并且追求工作室的效果。

从 90 年代的这场运动以来，德国就再也没有什么具有凝聚力和值得总结的东西了。一方面，一种美德现在（不自觉地）从困苦中产生出来，并且人类所能产生的最后价值可以在独立的和依靠自己的个体中看到。可是，与人们普遍认为的只有人格才构成德国人的典型完全相反，这种带有倾向性的看法表明是徒劳无益的。缺少的不仅是真正伟大的天赋才华（像波德莱尔那样的伟大人物），而且缺少文化。因为个体本身不可能存在，那么极端的个人主义总是一种倒退运动，而且现今的德国缺失敌人。反对个人作为抽象的整体的东西、反对个人作为公众的强制威力的东西，其自身同样完全不确定、没有颜色和没有方向，只有对崇高东西迟钝的拒绝，以至于对此的反对意见就不可能获得什么成效。新的德国个人主义者们走进了荒漠——并且聚到一间咖啡屋的常客桌旁。要么他们被一次偶然的成功所激励，从以前深深而真诚的孤独痛苦中发展出了精湛的技艺（如霍夫曼斯塔尔的情况），要么他们基于他们的流亡状态而能保持孤独，身在其中并因此变成古怪的人（如彼得·希尔）。另一方面，人们也时常用强烈的信仰和圣洁的信念，试图从这种个人主义的孤立中解脱出来；无论它们是贵族的还是民主的圈子以及运动产生出来的，它们都用热情的努力谋求为创造者们开创出志同道合者的一种环境，并使多数人能够看清通向真正艺术的道路。可是，所有这些运动的症结都在于其——历史哲学和形而上学的——偶然性及其随之而来的思想匮乏。这样说并不是要否定这些运动作出相对的好事，它们作出了部分非常有益的事，只应该指出的是为什么它们最终——却不得不停滞在不能取得成果的境地。民主运动的思想匮乏之原因在于它们的前提条件：它们想要给"人民群众"提供"好的艺术"，藉此民众就可以得到提高——并且同时艺术家们的审美的孤立现象藉此通过其有效接触以及受众广泛和灵活的接受能力即可得到改善。可是，在这里所（而且必定）忽视之决定性的东西是：现今文化状况的不幸并不在于艺术家和受众的这种分离事实，这种不幸能够通过良好的和有针对性的组织工作来真正消除掉，而是在于这种事实发生的原因之中。事实上，现今的德国没有一种包罗万象、深刻而富有成效的，又可同时供艺术家和受众分享的世界观，作为这种世界观的必然结果，作品和受众的准备似乎从一开始就已相互适配和相互注定了，因此在这里，组织工作只会帮助先验的东西更快地成为经验上的现实，而现今艺术家的作品则源于一种孤独，源于自身封闭的状态，所以受众既没有准备好与它们相适应，也不可能有什么适应，因为在他们本身上没有什么是"事先做好了"的。因此，他们的"效果"在"广大"受众中始终只能是偶然的。可是，只是"教育问题"绝不是一种真正必要之事：接受艺术品的人们感觉到在这些作品中表达出他们最深切的渴望。德国的贵族思想圈子苦于十分类似的思想匮乏，这只以一种完全不同的方式表现出来：这里由于一个伟大人物对其弟子的直接影响，一个群体将会出现，它会克服当时的方向感缺失的问题而又汇聚曾经散落的东西。每次这样的运动的原罪就是，它在没有宗教的前提下，又以某些宗教先决条件来运作，从而造成基本价值观的完全混乱（而不是他们所希望的得到澄清）。由于小圈子是建立在师徒关系上的，大师的人格获得了一种规范的意义。大师是一个天赋极高的人，可受时间所困并受时间所苦，在自身和时间上都受到限制，因此被尊崇为贯穿整个以往直至未来的指路明灯。可是，因为这种关系不是实际—超个人的（比如真正宗教的或哲学的）关系，所以这种偶然的人格就被过分地高估了：它的能力及界限一样都获得一种形而上学—历史哲学的意义，按照这种意义，所有以往和现时的东西就得到评估，并正在寻觅通向未来的道路。可是，由此真正的困境，即缺乏对生活的全面感受，是无法克服的，因为这场运动将缺少的是任何真正具有号召力的公众：它的起伏取决于某一人物的评价，而且这样一种评价，如果这并不真的涉及先知，即上帝的真正的使者和福音宣告者，永远不会把所有对立面都包含在内，自身承担所有苦难，并使之得到澄清以得到救赎。因此，这样的运动必然保持为审美主义的：他们的神秘主义带有一种虚假的色彩，他们的评价比起其他美学家（把某一人物的局限典范化）更为主观武断，他们在没有真正教条的情况下变得教条主义，并且失去他们最初给定的、美学家般的敏锐接受能力，但归根结底除了个人的印象派之外，没有揭示任何其他东西。因此，他们从对中世纪的崇拜摇摆至对带有柏格森色彩的凯撒崇拜；他们没有领导力，也不能接受领导；他们以这样的方式献身于一个人，即只能容许一种理念，失去自我，并未赢得任何超个人之物——一个重要的人偶然的生命轨迹应该变成永恒和样板——可恰恰在这里，通过这种夸张，揭示了他们的偶然性，纯粹个人的东西，由此完全清晰地揭示了探索的以及不能胜任领导的、不能成为经典的东西（藉此，我不想说任何针对抒情诗人斯特凡·格奥尔格的话，正是我希望不必特意予以强调的）。可是，对于德国来说非常幸运的是，无论是对现今失去方向的状况，还是对它克服不充分的尝试的不满意度都在与日俱增。而在这种不满意以及对真正群体的这种渴望方面重要的是，最深切的关注重点不仅在于艺术的某种创新，而且在于德国哲学和宗教复兴的希望。因为在这里，而且只有在这里，才存在着德国文化的某种可能性（和作为德国文化的必然结果：德国艺术的可能性）。德国从未拥有法国和英国意义上的文化，德国的文化曾经，尤其在最好的时代里，是一种"无形的教会"：它是创造世界观的和渗透到哲学和宗教等一切的势力。德国最终起文化作用的力量，即自然主义—唯物主义的社会主义，它的作用归功于其隐形的宗教和类似世界观的诸因素，归功于这样一种世界观，它曾经同时是元主观的，并可以成为深刻的个人体验。可是它还不够，现在我们来到了一个孤寂和寻觅群体的时期。虽然这种寻觅还总是过于"个体化"：大多数情况下还没有去寻觅伟大的、即将到来的群体，而所尝试的是为迷失方向的纯个体的现今状况找到一种形而上学，由此混乱状态反而增加了。可是，相反的情况也再次活跃起来。德国哲学长期以来一直是一项学术职业，尽管它具有巨大的科学价值，却无法获得文化上的领导实力，在它的"文化哲学"方向（例如狄尔泰）代表了一种高雅的、随笔式的接受能力之后，今天对建立文化象征和文化收藏家体制的意愿在这种能力中重新苏醒了。如果这种现今仍不过是一种希望的哲学复兴真的开花结果，如果在这里应出现的体系不仅仅是对认知的可能性的学术性、方法论的总结，而是我们这个时代无法道出的宗教性的大声言辞，是对其问题的真正答案——那么我们就可以再次希望有一种德国文化，在这种文化中文学不仅仅是那些已受肯定的，在彼此面前以及与读者之间被严格隔绝的主导名人的名单。永远不应忘记，德国文学创作的伟大时代，也是唯一具有世界历史意义的时代，是伟大的德国哲学的时代，德国人真正能够表达自己的形式是悲剧和生活史诗（《帕西法尔》《威廉·迈斯特》《浮士德》），它们都是在最终完成时才变成纯粹审美的形式，而它们的出现是以活生生的形而上学为前提的。德国人对纯粹审美的肯定可能不及其他民族，但他们有机会创造世界上其他民族所不具备的深度。我们是否正好现在处在这种德意志文化复兴时刻之前，这一点我们只能希望，可是不敢进行预言：正是在哲学上，我们还只能希望和承诺，而没有决定性的行动，在宗教运动中甚至根本没有一丝非常明确的行动希望和是否在底层、在社会运动中，是否真的准备好即将到来的文化价值观，我们今天也还不可能知道。就这方面而言，可以称为一种行动的唯一行动，就是保尔·恩斯特的毕生事业。他并不是凭借一种纯粹的诗歌天赋而超越了我们这个时代的所有其他德国作家（在纯粹的诗歌方面有许多人与他相当），并不是因为纯粹的诗歌天赋，而是因为他深刻的经历，同时又远远超越了个人命运而是由于他深刻体验了的同时也远高于纯偶然个人命运的美德：他的悲剧塑造方式就好像德国文化又出现了，这种文化吸收了过去的整个精华，并且——正是因为这个原因——指向了美好的未来。他是唯一一位在社会主义作为中心文化力量的推动下没有被推向无方向的个人主义的人，倒不如说，这种个人主义反而让他的一切都保持活力，成为即将到来的事物的有机组成部分。可是，对德国文学创作的一种革新（这一点，他自己知道得最清楚）绝不会从他开始：他的形式似乎将在他的"学生们"眼中重新成为审美的。他对此只能是一个榜样，因为旧德国，康德和歌德、席勒和黑格尔的国度确实还没有死去，而且只是期望它的唤醒者去过一种新生活。

格奥尔格·卢卡奇
海德堡，1913 年 3 月

马萨里克：论俄国的历史哲学和宗教哲学

社会学论文 *

　　这部伟大的书籍，就许多方面而言，都比为陀思妥耶夫斯基随笔而写的导论要有用得多。作者在前言中说道："实际上，整部作品只为献给陀思妥耶夫斯基的，可是我在文体上处理得并非得当，以便将一切都准确和恰到好处地插入陀思妥耶夫斯基的表述之中。因此，我就把著作拆解了。"但是在我看来，这是一种自欺欺人的做法，这是非常容易理解的：随笔作家马萨里克在文体上的失败只是他在方法论上含糊不清的结果，这不仅导致了他最初计划的失败，而且导致他这部著作出现了经常的摇摆不定和不能令人满意之处。在我看来，这本非常博学且绝非微不足道的书的本质错误是：马萨里克既没有为他的材料找到一种系

　　* 欧根·迪特里希出版社，耶拿，1913 年，两卷。

统的观点，也没有找到随笔式的观点；既没有找到一种历史哲学的观点，也没有找到纯历史的观点，他的表述反而试图把所有这些观点都统一起来，而不是折中的或是草率的，那么至少是相互矛盾的，没有达到完美的和谐。体系是分等级的和同质的：每一单独的现象都分配了自己的先验位置，即使这些"位置"可能彼此不同，但通过安放它们的方式将它们都同质化。随笔的安排同样也是划分层次的，可却是异质的：一个单独现象将被选为理念的载体、体现和象征，并由此发展成为一种支配一切的重要性时，所有其他的东西就只考虑与它的关系：塑造将成为自相矛盾的和异质的。与此相反，历史哲学的和历史的表述就不按等级来划分塑造之素材：一旦认识到是与塑造相关的东西（每一种选择都是划分等级的，所以在这里，只能谈论在塑造之内的等级划分）就具有了相同的存在价值，不管这种存在是一种事实上的、经验上的存在，还是一种乌托邦式的存在，一种应该的存在；因此，两种观点的区分其实就是与经验现实的差距，但是这种差距——出自这里无法阐明的原因——引起种类上的差异，而不只是程度的差别。在马萨里克的表述中，随笔的起源是显而易见的：每一个分析，其实都提及到陀思妥耶夫斯基；每一个提问，每一个是与否都伴有那些难题与回答的影子。因此，无论是事实的历史纯洁性，还是事情的系统清晰性，都是被强加的，而这种暴力行为却似乎没有成为随笔家深度或魅力的源泉；因为随笔中正面的东西，即中心的东西，并不是塑造出来的。可是，这不只是陀思妥耶夫斯基卷的出版可以弥补的暂且之不足；它有可能变成统一、完整和完成的，可是，他绝不能赋予这些书籍一种统一；这些书籍仍然是这种随笔的素材，即准备工作。

然而，似乎这种拥抱一切的倾向并没有成为包罗万象的塑造，这不仅是这些卷之工作方式的结果，而且也是作者个性的必然产物。我觉得，这种倾向——简言之——就是一种纯知识分子的反教条主义；把每一种只是思想上的片面性，把每一种具体化的教条主义之狂热理解成在有限范围内是正确的，从它们身上剥离每一种假定的绝对性，以便随后给它们分配它们应有的位置。但是，这种倾向并不是来自一种完全特有的和强大的，会在其真正的包罗万象中揭示片面性之局限的世界体验，而是来自适度的和明智的批评，这种批评清楚地认识到片面性的所有错误，但并不能通过特定的东西和肯定的东西取代这些错误。因此，马萨里克在主观主义和客观主义的伟大斗争中，十分正确地认识到 19 世纪俄国精神生活中有决定性的趋势之一，他选中"一种温和的主观主义"的方式表明了态度（第 II 卷，第 504 页）。所以，他只是表面上在克服教条主义：他只是减轻它，只是弱化它——但是在他的著作中，即使教条主义的强度有所削弱，它却仍旧以生活的和表达的形式存在。这样一来，他为重要的俄罗斯人物所创作的肖像就几乎失去了任何具体的逼真度，这些肖像都是基于广泛研究而产生的，而且大多数的构思都很好。不仅是，有些夸张的历史主义都在到处寻找来源，而且，每个表达——即使是某种意见先通过其存在的事实，其表达出来的情况以及产生表达的个性而获得了它的意义——都正在变成各种的影响和启发的交汇点。不应否认的是，往往会由此产生一些非常有价值的东西：俄国的欧洲哲学史。寻迹德国、英国和法国影响的奇特混合体，这确实是某种十分令人兴奋的事，而且如果对于马萨里克的伟大和广泛的博学没有表示任何可能的赞许，这似乎是很不公平的事。可是问题在于，这是否有点过分夸张了。马萨里克代表性的气质不足以将所有这些影响都集中在所讨论的人物上，而且通过将他所描述的人的独特观点也纳入类似的模式中，他就接近了爱德华·冯·哈特曼①的常常几不可辨的人物描述风格："哈特曼是对的，可当……他同意黑格尔的观点时，他就是不对的，当他……"。但是，在哈特曼的这种文风背后，有一种自成一体的、统一的和精心设计的体系，而马萨里克则接受了一种极端教条的系统之所有缺点——却没有其富有成效的片面性。

他的批评却因此也有了一些摇摆不定。我可以，并且只想在这里举出一个例子。当他评论革命家罗波因时（顺便提一下：这是马萨里克的一个很大的功绩——如此透彻地指明这些重要而有趣的著作，它们包含着对革命的一种

① 爱德华·冯·哈特曼（Eduard von Hartmann，1842—1906），德国著名"无意识哲学家"。——译者注

十分重要的自我批评），他有理由抨击切尔诺夫和普列汉诺夫关于该书所写下的肤浅的批判——以便在他自己对革命伦理的表述中与在此遭反对的观点相靠近。罗波因的问题是：许可我（具体的人）杀人（即杀死另一个具体的人）吗？切尔诺夫说道："伦理至上主义……要求，不得对任何人施暴……从中产生出托尔斯泰的学说，即人们不应抗拒暴力。伦理的极简主义本身就同托尔斯泰的这种理论相矛盾，因为最大值必须逐步得以实现。"（第 II 卷，第 419 页）可是，清楚地看穿这种观点之毫无根据的马萨里克稍后写道："道德进步在于，每一行为的动机在心理上可以更准确地被个性化，而且因此……每一次杀人的行动都会视情况作出评价……按照经验来说，作为专制主义的神权贵族曾经是，而且现在本质上仍然是暴力的和施暴的，并且因此民主与之斗争是正确的。革命可以是正确的和必要的手段之一，并且同样的革命在伦理上都是正当的，它可以成为合乎伦理的职责。"（第 II 卷，第 486 页）我承认，马萨里克比切尔诺夫更多地考虑具体的个体，对革命行为的伦理评价，是完全独立于政治—历史哲学的评价，只是伦理标准在他而言仍然是一种形式的"极简主义"——只是比切尔诺夫更仔细地加以限定，然而也没有其引人注目的措辞。他与普列汉诺夫的论战也是如此。普列汉诺夫则想把伦理问题完全转变成历史哲学中去，以便在那里为主观—伦理抉择的正当性找到一个客观标准。他引用黑格尔及其"革命代数学"……罗波因笔下的主人公们乐于自我牺牲的意愿是不太够的，"他们必须赢得历史过程的一种正确的理解"（第 II 卷，第 421 页）。马萨里克以一种对他来说异常激烈的态度拒绝了这种观点。他说："正是通过历史主义及其客观主义非道德论的全部肤浅来避免个人决定和对所有行动负责的问题，而不仅仅是对革命，尤其是对恐怖主义负责的问题。"（第 II 卷，第 422 页）可是，在他自己须对革命作出判断的地方，他说道："对革命的正确判断是通过对社会组织本质的，特别是对各种力量社会共识之本质的洞察来实现的……这位思考和体验过康德的《批判》和歌德的《浮士德》的历史哲学家将知道如何判定不必要的民众涌入和必要的革命之间的区别。"（第 II 卷，第 488 页）由于片面性受到抑制，我们再次看到类似更大的谨慎和冲劲缺乏——可是马萨里克真的超越了普列汉诺夫的论点吗？即使他或许有理由拒绝普列汉诺夫的黑格尔化的概念现实主义（作为现实的历史过程），那么他的"社会组织的本质"和他的"社会共识"不也是一种概念现实主义吗？而且，他在那里实际上（而是有充分理由地）拒绝的是，同如此激烈地被反对的普列汉诺夫一样归于他在那里其实（而且有充分的理由地）所拒绝的东西，即认知的僭越，能在伦理问题上充当法官，尽管如此他还是像遭到强烈反对的普列汉诺夫一样陷入困境，只不过他是一种以社会学为导向的政治学取代其历史哲学。

所以，马萨里克不能公正对待俄罗斯的两个极端中任何一个：无神论和东正教、恐怖主义和专制。他是一位温和的自由思想家，以最真诚的努力来公正地对待每一种倾向，而且没有陷入狭隘的狂热主义，可是正是因为如此，他缺少对这两个思潮内在的、直观的理解。圣徒斯塔雷茨·索希玛和虚无主义自由思想家伊万·卡拉马索夫相互更接近，而且能够相互理解得比他们的中介历史学家还要准确。他清楚地看到，宗教问题就是俄国文化的问题，可是，他的比康德较温和的费尔巴哈主义并没有为他提供决定性深入研究的可能性。[顺便说明一下：如果"人类与康德一起在他那个时代成熟起来进行思考，并开始放弃迄今为止的神话、神话学以及神学（神学是神话学的深化）表现为他的批判主义的重大业绩的话，那么这就是对康德的一种有些表面的解释"（第 II 卷，第 430 页）。即使神话、神话学和神学的关系之说法也很值得怀疑，对此或许几乎不必特别强调。]

因此，必须坚决强调的是，该书并没有提供它所承诺的东西。可是，必须以同样的坚定态度指出这部作品的其他巨大的优点和贡献，即它在这里首次向我们提供了对 19 世纪俄国精神生活全面的、导向准确且有据可查的描述；我们在这里首次了解了过去一个世纪俄国所有重要的思想家及他们的主要观点、他们与俄国前辈和他们在欧洲的同时代人的关联，而且如果我们想了解他们，我们就不再仅仅依赖翻译的昌盛。但愿在陀思妥耶夫斯基卷里，马萨里克能提供一部类似的俄国文学史，它是我们虽倾力尝试迄今却仍然完全缺失的。此外，他——完全有理由——不写俄国哲学史，而写一部俄国思想史：这样就没有了欧洲思想的正式追随者的说法，以便为并非专业哲学家的那些人腾出空间，他们却是对于俄国精神文化的生动连续性具有重大的和创造性的意义。而且，如果这样来看待该作品，那么我们先前被迫所反对的一些东西，就显得是一种更加微不足道的缺陷，甚至有时是优点，即过分小心地避免任何片面性和尖锐性。如果我们把这本书看作是 19 世纪俄国思想史而不是将其理解为关于俄国历史哲学的随笔，那么我们感到它就显得是十分重要的和有价值的。但是，正因为对马萨里克的人格和成就有这种高度评价，我们感到不得不根据这本书本身的要求进行批评，以便确定它在这一点上的失败之后才着重指出，他确实——从这个角度看——顺便取得了许多、更重要的成就。

写作和发表于 1914 年

论文化社会学的本质和方法[*]

这里开始要评说的作品标志着一系列文化社会学出版物的开端，这个系列的基本意义如此之大，以至于在我们谈到汉斯·施陶丁格①的书之前，我们可以先简短谈谈整个计划的目标、任务和可能性。毫无疑问，德国是最缺乏有意识的、有组织的社会工作的国度，但是尽管如此——在一些出色的但可惜是分散孤立的尝试中，如特尼斯（Tönnies）的《共同体与社会》、席美尔（Simmel）的《货币哲学》等——作出的对文化社会学的阐释多于任何其他地方。所以，阿尔弗雷德·维贝尔（A. Weber）试图在一个

　＊　此文是卢卡奇为汉斯·施陶丁格以下著作写的一篇评论。原注释为：汉斯·施陶丁格《协会文化组织中的个人与共同体》。阿尔弗雷德·维贝尔编《文化社会学论文集》，第 I 卷，欧根·狄特里希出版社，耶拿，1913 年。——译者注

　①　汉斯·施陶丁格（Hans Staudinger，1899—1980），德国社会民主党政治家与经济学家。主要著作有《协会文化组织中的个体与群体》《国家充当企业家》和《国家与经济体系》等。——译者注

面向实现这一巨大目标的组织中激励和指导个人研究，这只能以极大的热忱予以欢迎。即使以这样的目标为基础产生的社会学并不包括整个社会学领域，甚至故意排除了它最本质和最重要的部分——经济—社会学形态理论——通过明确的和有意识的工作仍然可以在此取得很大的成绩。但是，计划的成功和效绩取决于提出问题的明确性；即使材料的收集在每个方面都可能是非常有用的，这并不是现在创建的文化社会学最为重要的一点，更不用说取决于对可能问题的完全透彻的筛选和划定可能答案的界限。重要的是明确阐述对文化现象和文化客体事物的特殊社会学的观点，因为只有在对问题进行筛选的基础上，既能指导直接的实证工作（当然，这可以与问题的提出同步进行），又能对整个领域作出综合性导向。当然，我觉得，在纲领上还是在个人研究上暂时都还缺少这种清晰而尖锐的提问。阿尔弗雷德·维贝尔在他的关于《社会学的文化概念》的论文（德国社会学第二次大会的论文）中，有理由表态反对进化社会学和智力社会学，两者都想将人类的整体发展归因于一个（或多个）原则上去，可是尽管他的这种表态是非常合理的，他的积极方案并不能为未来的文化社会学工作创造出一个适当的基础。因为，阿尔弗雷德·维贝尔论战在方法论上的正确性有其真正的原因，即被他所抨击的那些人（以圣西蒙、孔德、斯宾塞和兰普雷希特等人的方式构建历史的人）并没有创造出真正的社会学，而是创造出一种变相的历史哲学，因此在方法论上是不明确的：

把这种历史哲学强加于经验，支持以一种意义为中心的统一概念体系，导致——造成混乱——回到简单历史进程的经验独特性和直接性上去了；通过不是超越他们，而是建立一个可见的结构，揭示每一个并非无处不在的内在感觉联系，重新寻求经验—历史内在性，他们无法实现两者中的任何一个（我根本不想谈论这里可以达到的、必然不明确的和矛盾的法律概念的方法论上的不可用性）。可是，如果阿尔弗雷德·维贝尔面对这种在智力上的附属物，强调一种直接的内在的"生活感受"在社会学上的优先地位和相关性，并把"我们称之为文化的具体事物"的"动态生长"之认知视为社会学上的文化观察任务。当他指出情况在方法学上是决定性的，"我们理解一些事物，如同理解柏拉图的理念世界的无与伦比的美好和纯洁，其与同时代其他所有哲学的巨大隔阂，然而却感到它们是从他们所在的生活中生长出来的"，那么他也就没能澄清一种纯粹的文化社会学，而只是净化了它的概念—历史哲学因素，以便使它同直觉—历史的因素混合起来。如果这一目标的确定在其含义的内在延续中仅仅导致了历史概念的形成，如同它在许多重要著作中始终存在的那样，那么这似乎不是对它的有分量的指责：这似乎是对文化史研究提出异议的一种方法论上的学究气，仅仅因为这些研究是在一种文化社会学的名义之下出现的。然而在这里——即使没有足够的明确性——所指的东西，确实是一种社会学，不是文化史，而且从两种概念的混合中产生出一个不可靠的基础，这使得继续平稳而扎实地建设独立科学基础上变得困难，甚至完全不可能。我们在这里谈论的是文化社会学的一种原则学说，而不是在进行暗示。只有这一点必须强调：如果应有一种作为独立的"科学"的文化社会学（而且，如果谈论社会学的话，它就始终是与文化史和历史哲学不同的某种东西），那么它的基本问题就只能是：如果我们把文化客体化视为社会现象，会产生哪些新观点呢？用超验逻辑的话说就是：是什么东西在文化客体化的含义、内容和结构上发生变化，如果它们不是披上方法论—社会学的形式——这种形式使它们作为社会产物而且因此作为社会学的对象表现出来——的话？与任何方法一样，与任何科学一样，社会学是一种形式，而不是客体领域或内容。无论将它看作为"社会化形式"的抽象—结构的科学，还是寻求一种"理解性的"或者甚至于"描述性的"社会学，这个问题始终是相同的：寻求文化客体化上的纯粹社会性份额；而且任务始终将是：在这两者组成的复合体之间找到关联（无论它们是因果的、功能的还是现象学的，在这里都是一样的）。可是，对于文化社会学来说，由此就产生出进一步的而且对于单个研究的命运有决定性的问题：第一，哪些社会形式是对文化客体化具有影响的因素。第二，这些社会形式作为表述因素在多大程度上参与了文化客体化的建构。这种方法论的解释在概念上看似严苛，只是表明了对单个问题的个性化保护措施：对于任何文化客体化（也就是例如对于每一种艺术门类，而不是对于艺术的整个综合体）来说，始终有两个问题必须重新提出来，并予以回答，并且，只有当一方面把这些相互作用的一种原则学说在认识论上揭示出来，而另一方面对文化客体化的整个领域从经验上进行彻底研究时，才能够想到一种总结，想到一种结论性的文化社会学。阿尔弗雷德·维贝尔回归到"生活感受"为文化社会学创造出一种过于宽泛的并因此部分不足的、部分是主观武断的个性化的基础：因此，这种社会学的实证事实研究缺乏规范选择和构建的指导性观点，其总结仍然是经验性的：徘徊在事实之上，作为一个装饰框架围绕着它们，但与它们没有有机的联系。

这就是为什么施陶丁格才华横溢、在细节上非常有趣和令人振奋的作品的本质缺陷在于，最多样化、相互不同的概念构成在其中交错，并在重要性和说服力上相互抵销：这本书的难处在于主题过多，这些主题本身总是很有趣的，但由于主题堆积过多，它们既不能成熟到内在的完美，也不能相辅相成而形成新的统一体；作为一个结构来说，它是一个片段，其组成部分（孤立来看）也全是零散的片段。首要的主题，即个体与群体之间的对立问题，几乎消失在众多的单个难题中。如果我对作者的意图理解得正确的话，这本书确实应该只是作为序曲和收尾的和弦，并且在作品本身中可能只应充当一个永恒的旋律，作为永恒背景和个别观察的导向。可在这里我觉得，所分析的个别情况与主要问题之间的联系在形式上是松散的，并且在内容上是有争议的。结论性的观察试图在中世纪对这个问题的表述与即将到来的社会主义的表述之间找到一个类比（同时以机敏的和审慎的方式强调差异），并在这两者之间塞入市民文化的理性—个人主义的插曲。"中世纪的分组曾具有有机体的特征，工人的房子又有着有机体的特征……因为链条闭合到工人身上，而工人在群体里。所以，个性将是一段插曲……"（第172页）如果我忽略这个论点内容的可争议性（只要人们考虑到具体的现象和问题，他们便融入其中成为共同体，而这只会是被普遍性包围的个体的、内容上几乎完全空洞的概念，并且两个"普遍性"的完全不同似乎是唯一的决定性因素）并将这个结论视为施陶丁格作品的内在结论，我也不得不看到"有待证明的东西"和证明并不完全一致。施陶丁格以两种不同的途径勾勒出这种新形态的发展：首先，通过指出协会组织发展的新趋势；其次，借助于对工人的内心世界以及通过其所创建的环境直接进行的心理分析。然而，这些发展路线都没有通过严格的证据导向所寻求的目标。在这部作品无疑最有价值的部分即对从中世纪到我们这个时代的歌唱协会形式之变化进行了深入而细致的分析之后——除了对浪漫主义时代受众概念的高估之外，这一概念被如此尖锐地强调，可能是为了与当今的市民阶层迷失方向及空虚的追求形成对比，并且将这一概念从孤立的精神贵族阶层已经扩大到真正的受众，而事实上当时的受众和今天一样少，只是那时也在消极意义上这个群体对文化方面不那么重要且不具有决定性意义——施陶丁格无法令人信服地证明工人世界与市民阶层世界之间的文化结构差异应该揭示出的积极方面。阶级形式的组织及其包含的一切（"这里是扩大的经济政治利益，涵盖其框架内的一切，从声乐到宗教内容"第122页）不足以实现这一点。另外，人们可以在方法论上反对这种融入（抽象的和文化中立的）普遍性，融入只是工人在历史条件下，因此甚至在今天的文化中，可能仅为暂时性心理原始状态造成的后果，可能只是暂时的而且它似乎不可能是排除了工人世界的文化提升，也将在其中导致个人主义、无阶级分化、文化上同样迷失方向的、过度精致的、精神上的专制和麻木群体形成的可能性。施陶丁格希望（我也赞同）工人世界经济的有机与综合将导致文化的综合，导致普遍性凌驾于个人之上、责任凌驾于自由之上的新规则，这还仅仅只是一个愿望而不是一种认识，只要无法找到和证明这种普遍性的积极内涵；在认识论和科学方面最多只能证明什么都不能阻碍工人世界创造的组织形式对新的（今天尚不存在的）文化内容的接受和承载。但是，就目前而言，施陶丁格仍然将希望和认识混为一谈。他以令人钦佩的清醒和客观态度——转到第二部分，即与塞德尔博士合作的部分——分析了工人的心理，甚至没有弄清楚他在那里展示的结果似乎与他的整体观点的矛盾最为尖锐。因为这项研究，就其目前的形式而言是零碎的和有问题的，但就其可能性而言是非常有趣和大有期许的，它导致了如此消极的结果，（以一种不值得称赞的无畏精神）揭示了工人世界如此远离文化和对文化的接受能力不足的状态，以至于接下来的结论性评论回到主要问题，并与之形成鲜明的矛盾。如果施陶丁格的一些观察是正确的［例如"工人的思维接受不了较高的抽象并因此无法从中得出结论，而只能掌握直观事物、具体事实……它将成为经验事实的马赛克，这些事实并非是叠加的和从属的，而是彼此相邻和相伴的综合体。工人没有抽象和举一反三的能力"（第 137 页）。"所有这一切都表明，我们所指的工人们不能全神贯注地从事某些事物，而是到处跑跑，看看，可是停留在看看的阶段。"（第 151 页）］，那么在这里，文化上可以期待什么呢？此外，在施陶丁格对工人的心理描述中，我看不出有什么专属无产者的东西；在我看来，这似乎更多是对原始的和尚未开发的心理状态的分析，在工人世界中肯定可以找到足够的范例；但是，他们对此既没有决定性的特征，也不能从原则上有别于来自小资产阶级、农民阶层等的相应类型人物。这时，以经验为基础的，因而过于宽泛的、模糊的、不够个性化的、对相应的特殊问题过少的提问方式就显现出其最令人困惑的后果：如果在所谓的社会心理学调查中，一切不是从一开始就为选材和筛选而尖锐明确地固定下来，它就必定迷失在汪洋大海之中；社会心理学调查的客体必须在调研开始之前就在概念上做好确定、分组和剖析工作。可是，无论是施陶丁格的方法还是阿尔弗雷德·维贝尔的方法，似乎都没有提供这样做的可能性。这一考虑使我们回到了一开始对施陶丁格的书提出的异议：他用不同的概念进行写作，却无法使它们达到内在的纯洁和相互之间的和谐。因此，整本书应为他的主要论点提供一个随笔式范例，即歌唱协会的发展应该生动说明整体发展的结构上的决定性方面，而没有强调从范例到法律的途径；因此，在书中，历史社会学却又变成了随笔式的：没有提供德国歌唱协会的整体发展，而只提供一个城市歌唱协会的发展，而对161个工人的个人心理观察是为了提供基础和说明。可是，由此产生的局限性再度没有得到彻底的解决：在如此有限的范围内必然产生的局限性和错误来源（这里只应指出人口种族、文化条件等对专门调研的地方的修正作用）在方法论上没有得到系统的考虑，而从这些——公认是零散的——单个调查到寻求的普遍性的途径应该是一条笔直的和直接的道路。这样得到的结果的问题性大概已经充分指出来了。

这个广告的简短紧凑迫使我更多地关注施陶丁格作品的消极方面，而不是积极方面。然而，这不应该引发对该书价值的任何误解：我所不得不最严厉地批评的方法论上之不和谐恰恰出自一个来源，它不仅使这本书尽管有着各样的矛盾却始终是一本有趣的和有激励作用的读物，而且还唤起对其作者之未来的极大期望，而这是他的第一部作品：直觉综合能量和个人观察的细腻、对事实的坚定客观态度和对整体情节的历史哲学总结的罕见混合。还有，作者的这些高超的天赋仍然时常显得突兀，并且几乎是无联系地并列显现，非但没有相互帮助以致尽善尽美，反而相互制衡损害了它们的效果。可是，在这本书中很多东西已经表明，施陶丁格的这种统一性只是个日渐成熟的问题，并且——或许很快——紧随这部尽管出错诸多却大有期许的处女作之后的将是自成一体的东西和自身完美的作品。

弗拉基米尔·索罗夫耶夫[*]：
著作选集[**]

　　欧根·狄特里希出版社通过出版尚未翻译过之哲学家的作品赢得了很大声誉，现推出计划中的索罗夫耶夫著作三卷本的第一卷，进一步彰显了该出版社的巨大功绩。在托尔斯泰和陀思妥耶夫斯基鼓舞人心的自我剖析之后，了解俄罗斯的神秘主义—宗教转折理论家、俄国第一位和迄今唯一的、抛弃唯物主义和实证主义之思想相关代表人物，对于我们不仅在哲学史上具有深远的意义，而且对认识关于俄罗斯问题的真实历史、社会学或历史哲学知识，索罗

---

　　[*] 弗拉基米尔·索罗夫耶夫（Wladimir Solovjeff，1853—1900），俄国著名哲学家和诗人。主要著作：《诸抽象原则的原则》（1880）；《神权政治的历史和未来》（第 I 卷，1887）；《俄国和普遍的宗教》（法文版，1889）；《作为万物统一启示的美》（1889—1990）；《爱的含义》（1892—1894）；《为善辩护》（1897—1899）；《关于战争、进步和世界史终结的三个谈话》（1899）；《全集》（10 卷，1911）；《法与伦理》（1971）。——译者注

　　[**] 耶拿，1914 年，欧根·狄特里希出版社，第 I 卷（第 XVI 章和 386 页）。

夫耶夫对社会主义、托尔斯泰主义和神权政治的立场以及他自己的乌托邦主义历史哲学和关于耶稣的学说的立场，也是绝对必要的。可是，令人遗憾的是，出版社有些武断的选择本身就把他的这些功绩贬低了，并在某些方面使之成为问题（正如克尔凯郭尔版本因为译者的武断而没有受到足够严厉的批评而变得几乎毫无价值）：在计划的三卷选集中，按照至今的安排，索罗夫耶夫的理论著作全部缺席；选集应该既不包括"抽象原则的批判"，也不包括后来的关于"理论哲学"的注释。可能索罗夫耶夫最原本的意义就在于他对现实的宗教—伦理—历史哲学的立场，可是，即使他试图将伦理学从所有符合认知的事物中解放出来，也预设了一种不得对我们隐瞒的认知理论，如果本选集要如实地介绍哲学家的话。即使诉诸索罗夫耶夫哲学的神秘主义性质也不能为这种选择方式进行辩护：过去任何一个伟大的神秘主义者，他是从哪一种思想体系中选择他的出发点的，始终都是显而易见的，尽管是为了超验地或者有争论地离开他的出发点，索罗夫耶夫的情况则相反——因为他那个时代的哲学上的无政府状态——完全不是这样的；此外，认为索罗夫耶夫对抽象理论问题漠不关心是完全错误的，他曾在年纪相对较大时把康德的《绪论》翻译成了俄文。

然而，我们希望出版社还以某种方式纠正选集的这个错误——关于索罗夫耶夫本人，只有在选集出版后才能说出确定性的评价来。首先是因为，收录在这一卷的论文

[《生活的精神基础》（1882—1884）；《星期日和复活节的书信》（1897—1898）；《三次谈话》（1899—1900）]中，作者的明确立场并不总是完全清楚地表露出来的。目前还不太清楚的特别是，他的乌托邦的历史哲学实际上在何种程度上意味着是对历史现实的乌托邦式超越，或者它在将历史事实（例如东正教）的经典化和范畴提升中将止步于何种程度。对于索罗夫耶夫的整个立场来说，决定性的一点是从伦理学到宗教的过渡（触及到恩典问题，第14页及以下），在这些文章中也没有变得完全明确，其重要性更甚的是，索罗夫耶夫正是试图从这里开始将教会的先验性建立作为一个形而上学的现实（参见第95、107页）。对这些问题的评价以及由此产生的一切（如邪恶与无意义的等量齐观，第59页）只能在该选集完成后进行。只有到那时，人们才能谈论索罗夫耶夫的乌托邦历史哲学的社会学意义，并从这一总体关联出发谈论他——在这里似乎是肤浅的，错过了问题本质的——对社会主义（第48页及以下）、对尼采哲学（第167页及以下）和（在《三个对话》中）对托尔斯泰的批评，希望能显得更加本质一些——哈里·科勒的译文阅读起来完全顺畅；装帧简单良好；遗憾的只有，目录中的页码标注充满了错误的数字。

贝内德托·克罗齐[*]：
《论历史学的理论和历史》^{**}

这本书的翻译和出版在各个方面都是值得欢迎的，它是对历史学的逻辑和方法论讨论的一个非常令人兴奋和有趣的补充。除了将在稍后讨论的克罗齐的理论论述的价值，构成该书第二部分的史学研究史的批判性历史简述足以证明该作品德文版的出版是绝对正确的。文化科学的一个众所周知的缺陷是，与自然科学相比，它们的真正国际性交流能力较差；然而国家民族因素限制着直接为文化科学加工提供的素材，限制着其直接融入科学发展中，限制着它

　＊ 贝内德托·克罗齐（Benedetto Croce，1866—1952），意大利著名哲学家、历史学家、新黑格尔主义的代表人物之一。1903 年起主编《评论》杂志。1920—1921 年任教育大臣。政治思想上一直是意大利自由主义的领袖人物。他把精神视作为现实的全部内容，认为除精神之外单纯的自然是不存在的，世界就是历史，哲学就是关于精神的科学，即纯粹的精神哲学。他的美学思想主要体现在《美学原理》中。——译者注
　＊＊ 恩里科·皮措（Enrico Pizzo），译自意大利文，J. C. B. 莫尔出版社，图宾根，1915 年，第Ⅵ章和 269 页。

们直接定位的价值和它们直接运用的形式。作为富有成果和充实的东西，作为一种充分先于通过范畴来划定现实的事物，而这一切对自然科学来说，似乎只是对认知对象的掌握上的一种限制。因此，除了少数真正的"世界历史性"现象之外，每个国家的每一门文化科学都在独自发展着，即使它们研究的是同样的问题，由于概念形成的传统有别，它们往往很难相互有所了解。因此，从另一个民族的科学需求和走向的角度来关注发展路线，总是意味着视野的扩大，把新的"事实"纳入我们考虑之列的综合体中。因此，通过克罗齐不倦地为维科站台（已在他的同样用德文出版的《美学》中），这意味着轻易认识到（经由赫尔德到德国唯心主义）发展路线的很大好处，所以他对中世纪和文艺复兴的史学研究的叙述，为狄尔泰等的相关研究提供了非常有趣的补充。尤其有益的是这个伟大而自由的观点，它不仅比这里更清楚地看到德国文化界丢掉的一些东西，而且面对德国作品的态度不仅比许多德国人更坦率、更公正，认知也更加丰富、更加根深蒂固、更加自然。我首先想到的是他与黑格尔的关系。因此，他在批判史学研究中的实证主义时对某些德国倾向表示出的强烈拒绝，可以作为与德国思想中最真实的倾向之联系而受到最欣喜的欢迎。"另一方面，在德国，每一个可悲的文本抄袭者和文本变体收集者以及文本真实性的假设者都认为自己是科学和艺术界的人，不仅敢于直视谢林或黑格尔、赫尔德或施莱格尔，而且还敢于显示自己的优越感和蔑视，因为他们是'反方法论'的人。这种伪科学的自负已从德国蔓延到其他欧洲国家……"（第248页）。

克罗齐对待历史的理论态度主要也可以从他与黑格尔的关系来理解。一则广告的必要局限性阻止了深入探讨这里呈现的与狄尔泰努力创立从黑格尔精神概念出发的历史科学辩护的非常有趣的平行关系。两者的共同点是倾向扬弃客观精神和主观精神之间的明显差别，以期达成一个统一的历史内在精神概念。狄尔泰非常明确地承认这一点[《人文历史世界的建构》（柏林，1910年，第82页)]，至于克罗齐，他在整个陈述中显得更加含蓄。黑格尔将经验历史超验为历史哲学，从而将其融入哲学，而克罗齐也在自身上看到方法的二元论，一种超验的观点，一种神学倾向（第237页及以下），并在他的书中多处宣扬（例如第50至51页）哲学与历史的同一性，这样一种历史"其文献不在自身之外而在自身之内，其因果和最终的说明不在自身之外而在自身之内，哲学不在自身之外，而与它相吻合"。就其对哲学体系的意义而言，对这一观点的批判不属于这里；它只能看作是对克罗齐逻辑的批判。关于历史科学的范畴结构，似乎应该指出，教条主义和相对主义之间两难的危险是非常明显的。克罗齐像每一个黑格尔主义者一样，都会立即拒绝这样的异议，理由是对其概念形成的抽象误解，可是，如果有人问及超验的故乡和这些个别概念的方法论意义，这个问题似乎是显而易见的。这种历史理论的一个核心概念——可惜我不得不局限于这里的例子——是个进步。如果克罗齐将其定义为"从好到更好的过渡""坏是从更好的角度来看到的好"(第73页),并将好与坏的对立视为教条主义加以拒绝,那么在我们看来,在这种孤立中,这似乎是泛逻辑的教条主义形而上学,这可能是历史哲学的指导思想,但它永远不可能成为历史科学的原则,因为历史科学本身就是,而且必须始终是一门经验科学。这一概念的纯粹历史哲学特征在他的"问题史"中显得更加突兀:"因为我们清楚地知道,这种校长和考官的业绩(对某一特定时代的评判)在历史上是不允许的,因为在历史上,尽管出现了相反的外观,但概念上后来的东西必然高于由此产生的东西。"(第258页)诚然,这也可以看作是历史科学的一个规范化理念,如果在这些理念中只有历史学家的公理化的公正,即他对价值的判断是克制的,克罗齐这样来对此下了非常精细的定义,以至于"历史从来不是评判者,而在任何时候都是辩护者"(第77页),以至于它只需要宣布实证的判断,每一个否定的判断都应被视为不完善的标志(第75页)。"一个遭谴责的事实……还不是历史的认知,而最多是一个尚待确定的历史问题之前提"(第78页),似乎将会表达出来。但是,克罗齐对哲学和历史的认同与这种观点相矛盾;只有当里克特把历史学家与价值相关的现实主义塑造和哲学家的绝对的、超历史的价值体系进行了非常精准的分离时,这才有可能。在克罗齐的意义上,这样一种内心正确理解的历史,如果它同时是哲学的话,那么就意味着是一种假设为形而上学的历史方法；意味着是这样一种形而上学，它宣称在每一个历史时期都与上帝保持着同样亲密的关系，如像莱波尔德·兰克①那样接近上帝，只是即使在时代的接连更替中，这里也更多地接近黑格尔，绝对的存在也变得越来越明显。这里，混淆客观精神和绝对精神的后果是显而易见的，它造成了灾难性的混乱。确实如此：没有一位伟大的历史理论家或形而上学者把本质上永恒的、绝对的精神的历史性问题当成了问题；曾经提出的问题是，艺术、宗教和哲学是如何会有历史的。也还没有人指出艺术史、宗教史、哲学史和其他历史学科之间因这一问题而产生方法论上的差异（据我所知，1910 年试图用匈牙利语发表关于文学史方法论时，我的遭遇就很不顺畅而且时常发生误解——在这个方面的唯一经验）。然而，即使这种分离没有在历史进程中完成，而且绝对精神和客观精神莫名其妙地立即受制于历史世界的"统一性"，对于温德尔班德—里克特的科学学说来说，绝对精神拥有一个元历史的超验位置，并且历史科学的原则不必从历史本身中推导出来，从而与世界观和形而上学混为一谈。因为历史精神的反思，在这里与历史是同一的，只能在一种故意设计的超越历史的形而上学中超越历史。即使，有如克罗齐那样，抽掉这种形而上学的具体内容，那么形而上学也不会分享黑格尔的命运，就"被超

---

① 莱波尔德·兰克（Leopold Ranke, 1795—1886），德国历史学家、普鲁士国家史官、王室枢密顾问、大学教师。——译者注

越所玷污”，并再次成为“先验的历史”，成为中世纪含义上的“世界历史”① “创世纪元”② 和“两个国家”③ 等（第238—241页）。这样，它就只会由此变得更加苍白和没有血色，但是它还是不会失去其教条的形而上学的性质。只有这种形而上学的“内容”（因为每一种形而上学都必须将其自身具体化为“内容”）与历史主义的世界观的接近达到令人忧虑的程度，并且里克特最伟大的成就之一，就是将经验历史科学从作为世界观的历史主义中解放出来，这种历史主义已经变成内在的和专断的，这种世界观源于其方法论条件的实体化，存在再次迷失的危险。

因此，首先必须坚决地消除这种困惑，因为克罗齐（有如在这里与他关系密切的狄尔泰一样）对所有个别问题中的特定历史的问题具有最敏锐的感觉，并且因此容易使人产生这样的表象，即假如这种历史方法论的形而上学化是这样的话，那将是对纯历史科学最真实和最内在的原则的真正发现。遗憾的是，这里无法再现，即使是摘录，复述克罗齐有关编年史和历史之间的差异，复述关于真实历史和伪历史（语文学的、诗学的、修辞学史，自然的历史），复述关于普遍的历史，复述关于历史的实证性等。我

---

① 德文版文本中为“Universalhistorie”，此处译作“世界历史”。德语中 Weltgeschichte 与 Universalgeschichte 或 Universalhistorie 视为等同。——译者注

② 德文版文本中使用拉丁语术语“ab origine mundi”，德语含义为 Im Jahre nach der Erschaffung der Welt，译为“创世纪元”。——译者注

③ 德文版文本中使用拉丁语术语“de duabus civitatibus”，德语含义为 zwei Staaten，译为“两个国家”。——译者注

只想指出他的理论中的一点，我认为这一点至关重要，在我看来它尤为重要，是因为它与其他从相反的假设出发的历史理论家完全一致，可正如它只指出了一个重要问题的位置，却没有使问题本身更加接近解决方案。我指的是历史学家出发点中所谓"任意性"的方法论的含义。克罗齐把历史定义为"当代的历史""鲜活的历史"（第9页）。正是历史的这种鲜活性造就了它的对象，只有它所影响的才能成为历史的对象；所有其他的"现实"只有在这种鲜活性的作用下才能成为历史。由此而来的是对普遍历史的坚定拒绝态度（第45页以下），因为，历史对象的广度和深度本身是历史的、变化的和相对的，并且永远不能声称是绝对的整体，这正是普遍历史的概念所囊括的。"因为逝去的历史又复活了，并且过去的又成为当前的，这取决于生活的发展的需要……有多少对我们来说纳入编年史的历史，有多少对我们来说已经尘封的文献，它们在属于自己的年代里即将充满生命活力重新发声。这些复活完全源出于内在的动机……除非假定精神本身就是历史，以至于精神本身就带来了自己的整个历史，那么这些历史也随着精神而来"（第14—15页）。尽管在逻辑前提和认知目标上存在着种种差异，但历史科学对象的确定与里克特的相似："人类的历史，在限定对价值的纯粹事实性之认可的情况下，如果始终只从特定文化群体的观点出发来书写，那么在所有人都承认他们的指导性价值为价值的意义上，永远不会有效，或者也无法被所有人理解"（《文化科学与自然

科学》第 2 版，第 142 页）。历史科学的"客观性"和方法
—内在的"普遍有效性"并没有因此而扬弃和放任给"任
意性"，而是与此相反，它是以超验逻辑为基础的，这一事
实在克罗齐和里克特那里似乎是完全明显的，因为对他们
两人来说，这种设定是决定领域的、创造对象和客观性的
公理上必要的行为。因此，历史科学理论的任务看来是由
这一确定和由此推导出来的这一领域的分类结构而完成的。
但是，从一般科学学说的立场来看，似乎是不可能止步于
这种状况及其所显示证据的事实上的；并且，我们已经指
出了，克罗齐从历史本身中推导出这种设定的尝试是令人
质疑的。在这里进行的、使上述事实成为问题的研究，对
我们来说似乎比起后者更加重要，即由此将能确定一门科
学的方法论之定位——社会学。它与历史的关系似乎总是
成问题的，因此历史科学的实践者和理论家对这门科学都
持有一定的厌恶态度。在我们看来，这诚然不可能在这里
得到进一步的证实，不仅克罗齐的"鲜活性"概念作为一
个具体的、内容充实的概念在社会学中有其方法论的归宿
（阿尔弗雷德·维贝尔正在努力朝这个方向发展，在"生活
感受"中找到社会学基本概念），而且还认为里克特所强调
的在某种文化圈中实际有效的价值观只有在社会学中才能
真正得到理解。这并不意味着价值理论在社会学中的解体，
同样清楚的是，不会以由里克特和克罗齐所强调的实际历
史的内容变化之基础而意图倡导主观武断。这种误解之所
以会出现是因为，如果社会学的概念是面向现有的和——

可惜——最著名的自称为社会学的著作，尽管这些著作，正如克罗齐（第 257 页）正确指出的，是混乱的神学，是教条式的形而上学的历史哲学。因此，这要求我们不能把价值，也不能把价值的标准适用作为社会学的研究对象，而是价值在一定的历史时刻得到的各自的内容实现，以及在可能的内容兑现之研究中所能产生的类型学。而正是这些在内容上得到实现的、实际有效的价值，在以决定对象的方式影响着历史的编纂。正确的是，比如艺术史——抽象地说——是由对艺术价值的认可来决定的。可是，具体而言以及对历史编纂既有决定性意义的问题是，比如是否只是线条的结构（像对温克尔曼及其时代来说而言）对绘画的价值概念是决定性的，或者是否起关键作用不是色彩或光影色调等因素。而这些变迁，粗略地说是品味的变迁，是受社会学所制约的，任何人都会明白，如果他熟知 17 世纪到我们今天的戏剧史，了解法国古典主义主导之承继，又从市民阶层戏剧的角度看，首先被视为"自然"的莎士比亚的出现等，他就会与社会结构的变迁，与文化相关的社会阶层及其社会学状况的转变联系起来。为了能引用这个著名的例子，人们就不能将下述值得注意的事实评价为典范或者视为肤浅，即兰克从路易十五统治下的法国不幸的外交政策中推导出了法国大革命，而是应从社会学的缘由去理解的。通过新的观点产生了新的事实，但新的观点既不是任意的，也不只是绝妙的，而是在给定情况下的必然结果：它们是在社会学条件下对某些复杂联系的关注而产生之成效。诚然，倘若这是通过新观点代表者的永远无法合理化的天赋问题所决定的，这些观点是否真的将对科学是有益的。宗教历史似乎为我们提供了一个富有启发性的例证。里克特强调指出（《自然科学概念形成的局限》，第2版，第563页），在宗教改革的天主教史编纂者和新教史编纂者之间，除了他们的、在此非本质的价值判断外，关于历史的相关事件，关于历史的真实性，一定不会有决定性的区别；只有当宗教改革由一个完全远离这个文化圈的历史学家来编写时，这种区别才将会表现出来。可是无论这可能有多么正确，如果"同一个"历史"事实"成为某一历史学家的对象，这个历史学家对宗教整个价值体系的评价在本质上就不同于一个天主教徒或新教教徒（即使他们相互敌视，然而却站在同一立场上），可是体验并认识到我们文化圈的积极宗教的"实际有效"是个"事实"，那么宗教历史的全新"事实"就会在这里出现；事实证明，这似乎会变得多么富有成果，即使涉及像考茨基的一个非常值得怀疑的这种形式的描述，像特勒尔奇这样的行家也承认，"它并非完全没有价值，因为它指出了这件事本来尚未注意到的方面"（《全集》第Ⅰ卷，第18页）。而历史科学的本质历史恰恰在于，突然考虑到了"事情本来尚未注意到的方面"。这取决于历史科学的公理设定的内容，我们在上面试图说明过；正如也曾指出过的，当真正彻底、公正和仔细地分析其内容时，会显示出与社会阶层结构、转移、外部以及内部变化的值得关注的平行性和关系；因此，它们适合于做科学研究的对象，其构成课题是人类社会的形式。历史唯物主义，迄今为止最重要的社会学方法，几乎总是成了历史哲学的形而上学，这一事实绝不能让我们忘记作为其基础而迄今尚未明确阐述的方法的划时代价值。在马克思所说的意识形态问题中——诚然摆脱了其形而上学的概念化并在方法论上净化了它——存在着解决我在此指出之问题的路径，即对客观的精神科学在形式上受其自身公理制约的设定必然用具体内容来实现的认识。我在这里指的是古斯塔夫·拉德布鲁赫①的很有趣的论述，他把价值结构的可能类型、法学哲学体系的基础与党派政治立场联系起来，并因此，在保留法学范畴的法学内在性和普遍有效性方面，它的具体实现可能性不仅从元法学根源中推导出来，而且也指明可由此出发来理解它的要点（《法学哲学的基本特点》，第 96 页以下）。我必须强调指出，拉德布鲁赫只是从法学哲学方面提出问题，并没有深入问题的社会学探讨。他的提问是有道理的，可是我却觉得，他最清楚地指出了这个问题在方法论上的位置。对于绝对精神的体系来说，这个问题的表述可以是完全不同的（并且对于每一种价值来说也是不同的），这一点按照迄今所阐明的内容来说也许是不言而喻的。可是，社会学与客观精神和主观精神文化客体化的所有这些关系都有一个共同点：趋势是，

---

① 古斯塔夫·拉德布鲁赫（Gustav Radbruch，1878—1949），德国法学教师和政治家，从 1926 年起为海德堡大学教授。著有《法哲学的基本特点》《社会主义的文化学说》《作为文化的宗教哲学》等。——译者注

指出具体设定的根源的趋势，而且在随着证明其客观性和普遍适用性的社会特征的情况下，将它们与纯主观的非理性以及虚假的非理性区分开来，以保持超越教条形而上学的理性主义。对于历史来说，这种对其基础的社会学"批判"意味着进一步保证其纯粹经验性质的特征。有如我们所见，它因精神概念的自我辩护而受到了极大损害。对于社会学来说，它因受制于由其他科学所准备的、相互异质的结构及其不同结构而意味着保证不会超越这种"批判"，超越对可能的、具体的价值实现之条件的分析，并由于将"可能性条件"假定为有效原因而成为了历史哲学的形而上学。意识形态—问题之认识批判的［认可吗？］和领域理论的意义恰恰在于：证明一切并非真正起源于绝对的事物都证明是社会条件的产物；分离是科学理论的一个重要问题，既有利于各个学科的经验性，也有利于价值理论和形而上学摆脱伪命题的经验主义。遗憾的是，克罗齐是为数不多认真对待马克思的哲学家之一，他根本没有解决历史与社会学的关系这一问题。当然，这几行文字的目的甚至不能触及这个问题，顶多是表达一下希望看到它被提出来讨论的愿望。

写作并发表于 1915 年

玛丽·路易斯·戈泰因[*]：
《园林艺术史》[**]

这本书在各方面都很不寻常，对任何富于想象力的读者来说，书分为两个截然不同的部分，人们必定对两个部分有着完全不同的看法。第一部分大约包括前四章（第 I 卷，第 1—140 页），这一部分涉及一个迄今为止几乎陌生的地区。埃及、西亚、希腊和罗马的园林几乎消失得无影无踪。可供使用之相关信息的间接来源几乎根本未经处理；尤其是那些不涉及园林的著作中本来就少得可怜的偶尔影射，在此也会首次汇编到一起。因此，须对各种不同类型的园林——我们始终缺少它们生动的直观印象，甚至想象不出其建构的样子——进行假设性的探究。所以，戈泰因

---

[*] 玛丽·路易斯·戈泰因（Marie Luise Gothein，1863—1931），德国女艺术史家和园林专家。——译者注

[**] 两卷本，耶拿，1914 年，欧根·狄特里希出版社，第 VII 章和 496 页和 505 页。

在这方面的重要成就在于，她提出了关于古代园林的尽可能清晰的而始终是（有意识地）假定的框架，并试图将其中显露出来的艺术意图与在时空上相应的直接了解的艺术作品和文化客体协调起来。这一工作——在很大程度上——是语文学—历史学的工作，为了探究这些假设的正确性，它需要很多语言学知识；而且它基本上将是东方的和古典的语言学和考古学的任务，这里要为园林史创造出可靠的基础，也许基本上要在戈泰因的激励下继续作出努力，正如近代时曾为她提供过激励那样。本文作者必须公开承认，自己没有资格在语言学—考古学上检验该书的假说，并且只能作为对大多数假说和重构设想的主观证据的感觉表达自己的意见。这本书的另一部分始于文艺复兴时期（第 I 卷，第 217 页），而第五章和第六章（拜占庭、伊斯兰教和欧洲中世纪，第 I 卷，第 141—215 页）构成一种过渡。这个第二部分有别于第一部分，不仅在于其材料更为丰富和有较大的把握，而且在于其整体的历史概念在这个基础上成为可能的、宏大的且确实在所有细节上都令人信服。诚然，以任何生硬的方式反对两个部分的这种划分是非常不公平的；即一方面忘记了，需要多少敏锐的联想和恰当的重构设想才能使第二部分不那么单薄的材料在科学上可资利用和富有成果（只要想一想，在所有的艺术和文化产品中，园林是最短暂的、最容易受到意向变化而改变的和大多是位于户外的等）。另一方面忽视了，第二部分始终以伟大的整体概念为导向的统一潮流，它在第一部分中一再地出现了中断，并且使其与第二部分形成有机的、不可分割的联系。

除了现有材料的不足外，这部著作必须要克服的巨大困难是，其问题所需的基本概念、那些概念的先决条件过去都没弄清楚。自 18 世纪以来，当园林由于法国和英国意向的斗争而处于论战的中心时（第 15 章里就有对这场无休止纷争的一段极好的表述），可是当美学水准和大多数争论者囿于当时市民阶层——多愁善感的自然情感却没有产生出一种真正审美的概念规范时，园林问题就越来越从美学中消失了。实际上，人们还根本没有对园林美学做过真正认真的尝试。可是，对于一个真正想保持历史原貌而不想超越其主题进入哲学的历史陈述来说，这样一种先决条件不明确的状况会带来非常大的困难。首先，对象的描绘结果并不完全清晰，考虑到园林的特殊类型及其时常模糊的界限（一方面是与建筑的界限，另一方面是与自然的接界；一方面与绿化设施相邻，另一方面与单株植物相配，例如在日本等地），这都加重了统一造型的困难。可是，此外还有对象之概念性的处理失当所必然产生的后果，即表述所依据的那些价值观点和对材料划分所不可或缺的规范态度的多个类型无法发展到使材料足够的清晰和通透。在这些情况下，戈泰因的成就是令人钦佩的。她以一种很精细的审美感觉，始终捕捉到了她的对象本质之所在，并用恰当而得心应手的节奏界定了对象与相邻领域的界限。并且凭借一种确定的历史感，她避免了由于价值观点尚未制定出来而产生的几乎不可避免的危险：旗帜鲜明地进行评价的危险。即使在描述 18 世纪建筑艺术与绘画艺术意向之间伟大斗争时，她也避免任何评价性的表态，只是指明在每个方向上的内在完美性，以便用它们的尺度来评价这个领域的其他现象。对材料类型化的排列并非始终用足够的鲜明态度表现出来，有时发展的大线条存在消失在个别的分析中的危险，有时对时期的原则划分没有得到足够的强调（特别是在从文艺复兴向路易十四时期的过渡中），尽管出现了这些情况，但丝毫不能贬低该书的价值。相反，我们必须怀着感激的心情注意到，戈泰因在很多地方都成功地得出了结论，而没有脱离历史的客观性和陈述的基调。这为园林未来历史的和审美的每个研究的进一步发展都奠定了不可动摇的基础。我将游客和观赏者的区别作为例子举出来，作为确定旧园林和新园林差异的规范性表态（第 II 卷，第 386 页）；举出来的还有想在园林中漫游的英国人与坐在园林中享受的中国人的差别（第 II 卷，第 383 页），作为这里因为个别类似意向风格差别的基础，这在此尤为重要等。引人注目的是，这些鲜明地和飞快地即可明显阐明整个领域的区别，在该著作的接近结尾处比在开头时更频繁地出现，这在引用的情况下是必要的和非常可以理解的，因为作者必须自己处理好所有的先决条件。可是，这让我们确信，在希望不久就有必要的第二版中，材料在概念上深究还将得以比这一版本更为完美。无论如何，这里也可以确定对哲学美学有些羞愧的事实，即在历史陈述中，历史学家用对美学来说是基础的方式解决了一系列纯美学问题。玛丽·路易斯·戈泰因的书与园林的未来美学的关系，有如里格尔的著作及其学派著述与装饰艺术的未来美学的关系一样。

在很大的程度上，历史的发展路线以建筑艺术和绘画艺术意向之观点为导向。第一条路线的出发点是埃及和西亚，第二条路线的出发点则是中国（印度在这里，像各个地方一样，处于西方和东方之间，占据着特有的和经常解释不清的地位，这一点需加以强调说明，第 I 卷，第 46 页以下）。第一条路线的盛行领域是欧洲直至路易十四世时代风格的传播和衰落，即直至这一流派的顶点。第二条发展路线局限于中国和日本，直至在 18 世纪被来自欧洲的英国所征服，从而加快了旧式园林风格的衰落，这种风格也遭到排挤，可是同时，在短暂的占据上峰之后随着对园林的整体兴趣的降低而被排挤退居次要地位。经过了一些波折之后，最新的发展重新接驳到旧的欧洲风格上来。该书以十分清晰、一目了然的编排和分组呈现了这一演变。我们必须强调指出，戈泰因的编排思想尤其得当，她的陈述从埃及开始，寻迹西亚、希腊等地的发展，直至路易十四时期风格的衰落，并在中国风格对欧洲艺术变得具有重要意义的地方才开始分析这种园林风格：就在英式风景园林之前。密切关注欧洲风格是如何在漫长的和不断的发展中达到其内在的顶点的，即文艺复兴和路易十四时代，这是非常有趣且引人入胜的。这里的基本意向就是统一；屋宇和园林的统一；屋宇为主而园林为辅，或者用原来意向的语言来表达就是：人居君位而自然屈居臣位。在这种风格的最为有机之扩展的时期，巴托罗美奥·阿玛纳蒂①如此表达了这种趋势："砌墙的事物必须是领先的，并且优先于种植的事物。"（第Ⅰ卷，第264页）并且，现代反对风景园林的理论家雷金纳德·布洛姆菲尔德②带着完美自知的敏锐说道："出发点不是一个时尚问题，而是一个原则问题。这就是持续存在的艺术问题的一种看法：人在多大程度上是自然的奴隶？"（第Ⅱ卷，第447页）我们追溯为这种统一性而进行的斗争，从地形调整直至将外面的自然引入房屋内，以装饰—风景的壁画的形式。文艺复兴在欧洲发展中的艺术中心地位，其各种艺术联合为统一的最后目标，人类对世界的统治地位，在各个艺术门类内在固有规律得到精心保存的情况下，给人的感觉是，在这里比它在建筑艺术史上所见的变得更加明显。这种追求统一的趋势——力求一种将自然和各种艺术融为一体的整个艺术作品——还在路易十四时代就有所加强，当时法国从意大利手中接过了欧洲在园林艺术以及整体文化方面的领导权。在此期间，德国本身的文艺复兴没有能成功地在各地实现整个设计的统一性（第Ⅱ卷，第92、104、116页），而在法国，统一的

---

① 巴托罗美奥·阿玛纳蒂（Bartolomeo Ammanati，1511—1592），意大利佛罗伦萨建筑师和雕刻家。——译者注

② 雷金纳德·布洛姆菲尔德（Reginald Blomfield，1856—1942），英国建筑设计师、园林设计师和作者。——译者注

思想比它曾经在意大利时更占统治地位和更为宏伟。可是，由此对这种风格而言，就产生出了双重危险，这种危险在繁荣时代的伟大作品中得以化解，但是后来却成为衰落的原因：布局思想僵化成死板的模式，而为了拥有平衡这种严苛的力量，就必须要求作出改变，这种变换又致内在趋势于儿戏的地步（第 II 卷，第 132 页）。因此，这种风格——暂时地——就是长达几个世纪发展的终结和顶峰：它不能再继续下去了，它必须由新的东西所取代。

这个"新的东西"也许比"老"风格还要更古老得多：中国风格的起源可能根本无法在历史上加以确定。可是，在新的欧洲风格中表现出来的基本观念，尽管有许多不同之处，但在与中国风格的内在密切联系中，确实是一种新的东西，即市民阶层多愁善感的自然感受。人想要献身投入大自然，想要融入大自然，他面对大自然感觉到自己的意志是些渺小的和狂妄的东西，于是想要放弃任何征服它或者对它强加自己的规则的企图。因此，沙夫茨伯里伯爵①（第 II 卷，第 367 页）作为首批人之一热情地谈到没有被任何东西破坏或毁容的自然。因此，塞缪尔·泰勒·柯尔律治②（第 II 卷，第 407 页）强调指出："房屋及其园林必须

---

① 沙夫茨伯里伯爵（Anthony Ashley-Cooper Shaftesbury, 1671—1713），英格兰伯爵，第三代沙夫茨伯里伯爵安东尼·阿什利–柯柏，英国政治家、启蒙运动哲学家和作家。——译者注

② 塞缪尔·泰勒·柯尔律治（Samuel Taylor Coleridge, 1772—1834），英国诗人、剧作家和哲学家。——译者注

归属于风景，而非风景是房屋的附属物。"这种意向必然与建筑艺术作对——建筑就其形式之本质而言始终是对自然的亵渎。这一思潮的德国先驱者格奥尔格·希施费尔德[①]说道："如果园林艺术家几乎处处干着与建筑工程师所看重的事情相反的事情，那他的工作就是最开心的。"（第 II 卷，第 377 页）而在卢梭描述为其理想的园林里，人手动过的任何痕迹都消失了（第 II 卷，第 384 页）。观察所谓的影响有多么不足是很有吸引力的，也是非常重要的：中国最强大的宗教束缚所产生的东西成为欧洲反对束缚的武器。诚然，中国宗教和园林之间的关系，现在已经难以详细揭示出来了。日本园林有象征意义的一些例证，园林体现着"幽静隐居""易经"等（第 II 卷，第 355 页），中国的山石心理学理论（第 II 卷，第 330 页，日本的同类，第 II 卷，第 350—351 页），仅指出了所需寻求的方向，并且指明了这些园林的每一微小部分都是由与超验之事实有关的元美学的内容相关关系决定的。诚然，这些关系是否会有一天得到澄清，非常令人怀疑。对于这本书的主题来说，此事也真的不是决定性的，重要的只是应该强调这种风景园林的局限性质、它与欧洲园林全然不同之处，即威廉·坦普尔爵士[②] 1685 年已经预言的它的无法模仿性（第 II 卷，第

---

① 格奥尔格·希施费尔德（Georg Hirschfeld, 1873—1942），德国作家和戏剧家。——译者注

② 威廉·坦普尔爵士（Sir Wilhalm Tempel, 1628—1699），英国外交官、随笔家和作家。——译者注

325 页），而且以此强调指出，欧洲的风景园林曾经是欧洲精神发展的内在结果，而且中国的影响没有起到决定性作用，而只是一种激励而已。这种新风格的历史—社会基础的鲜明确立尚有不足。虽然并不乏偶尔似是而非的暗示，但是这个问题从未以完全原则上的清晰度提出来并予以回答过。然而，正是这一点对于园林与整个文化的关系，对于园林社会学有着最重大的意义，即区分封建宫廷的生活感受和市民阶层的生活感受。一方面，作为新想法基础的生活感受发觉到美的基本因素是柔和的光滑（埃德蒙·伯克①称之为平滑，第 II 卷，第 373 页），这实际上是任何对这种感受来说太过刚硬的雄伟之背离。另一方面，随着社会的中产阶级化，房屋和园林的雄伟造型的社会学必要性——大规模的社交越来越少。文艺复兴时期的园林和路易十四时期的园林就其整个规模而言是由作为大规模的节庆场所的功能决定的（例如日本，第 I 卷，第 400 页；法国，第 II 卷，第 28 页；英国，第 II 卷，第 50 页）。这种需求越来越少，并且新意向将人视为或多或少的孤独者，只与少数志趣相投的人和谐相处，它创造了一种对任何社交活动都不适宜的园林（参见老年歌德对有关"自然趣味的"英式园林设施的恼怒意见，在那里，人们"处处相互碰撞、相互阻碍或者相互迷失"。第 II 卷，第 409 页）。遗憾的是，

---

① 埃德蒙·伯克（Edmund Burke，1729—1797），爱尔兰—英国政治家、哲学家、作家和美学家。——译者注

社会学基础的展示在这里只是一个暗示，布局是如此正确，或许只需一些更加鲜明的强调就能让问题清晰地显现出来。

因为园林是社会学上最敏感的艺术活动类型，因此它与其他艺术门类相比易于进行这样的观察，后者按其内在本质追求的是永恒，追求着元历史的关联之束缚性。诚然，真正的园林社会学格外需要预先设定可能表态之类型学为前提，这只能是从园林概念出发才能达及的这种类型学似乎必须与生活感受和社会结构的那一部分联系起来，而那个部分形成了社会学的环境。即使在这里——尽管戈泰因根本没有提出这个问题——我们也必须察觉到大量插在注释中的明确论断，并表示出希望，即这部书是她在这方面努力的开头而不是结尾：她比其他任何人都更有资格来澄清这里的问题（我在这里指出的问题是：比如，菜园、果园与西方对称意向的关系，自然概念与园林的关系，以及时代对这种自然的观念是想与自然概念接近还是远离，文化上各自相关的阶层内在意向和外在可能态度上对园林建设具有的重要性等）。

然而，所有这些愿望都寄希望于未来。摆在我们面前的这部书，是非常丰富的和重要的书，而且仅仅是它内在的、追求完美的倾向就唤起了这些愿望。现有的东西肯定不仅是对科学的极大丰富，而且也为临近领域的研究人员提供了十分富有成效的激励，并非常适合于为现在日益涌现的新潮流提供明确思路和指明道路的有益影响。此外，这部书的文笔还非常好，且具有插图资料，足以证明玛丽·路易斯·戈泰因具有非常了不起的文学知识，这一切使得这部书不仅会对有文化读者的更大群体产生预想的影响，而且这是非常可能的。

旧文化与新文化 *

吴鹏 译

1

　　社会的发展是一个统一的过程。这多少就意味着，没有能感觉到社会的发展在所有其余之点上的作用，在社会生活的一个点上就不会出现一个确定的发展阶段。通过社会发展的这种统一性和关联性，就有可能既从一种又从另一种社会现象的观点把握住同一个过程，从而达到对这一过程的理解。由于该原因，就可以在文化表面上孤立于其

　　* 卢卡奇的《旧文化与新文化》第一次于 1919 年用英文题目 "Old Culture and New Culture" 发表在《国际》（*Internationale*）杂志上，1920 年又用德文题目 "Alte und neue Kultur" 发表在《共产主义》（*Kommunismus*）杂志上。——译者注

他社会现象的情况下，谈论文化。因为当我们正确把握一个时期的文化时，那么我们就在其中把握到并触摸到了该时期整体发展的根源，由此到达与我们进行经济情况分析时的同一出发点。

资产阶级在哀叹资本主义社会秩序崩溃的同时，对于文化的衰落最为痛惜。对于资产阶级的阶级利益的担忧，仿佛其原因来自对文化永恒价值的担忧。与此相反，这里的后续思路则以下述考虑为出发点，即资本主义时代的文化在经济和政治崩溃前，本身就已经崩溃。这就是为什么——与这些经常听到的担忧相反——正是就文化的利益而言，迫切需要最终结束资本主义社会秩序漫长的死亡过程，以开辟通往新文化的道路。

如果从科学的角度考察两个时代的文化，则首先出现的问题是：文化持存的社会学和经济学条件是什么？从这个关联来看，必须从哪里开始才不言而喻产生出问题的答案：文化究竟是什么？简而言之，文化（与文明相比）的概念包括与直接维持生活无关的全部有价值的产品和能力。例如，一所房子的内在美和外在美属于文化的概念，相反，它的坚固性和取暖性等则不属于此。因此，如果我们问：文化的社会可能性是什么？那么我们则必须回答：它是由那样的社会提供的，在这个社会中，人们不必从事需要完全付出生命力的繁重工作，基本的生活需求即可得到满足。因此，在这个社会中，供文化支配的就是自由能量。

因此，任何一种旧的文化都是当时统治阶级的文化。只有统治阶级能够毫无维持生活的担忧，并将他们所有的宝贵能力服务于文化。即使这里——和在其他任何地方一样，资本主义也对整个社会秩序进行了彻底变革。它消除了社会等级特权，也废除了等级社会的文化特权。也就是，资本主义已经驱使统治阶级，即资产阶级自身去服务于生产。[①] 资本主义与以前的社会秩序的本质区别性标志在于：在资本主义中，剥削阶级本身屈从于生产过程；他们本身被迫将其力量献身于获取利润，正如无产阶级被迫需要维持生活一样（例如，将资本主义时期的工厂厂长与农奴制时期的地主相比较）。这种说法似乎与资产阶级自身产生的和因失业福利而出现的大量闲人相矛盾。但在这里，我们的注意力也不能因为表面现象而转离事情的本质。对于文化而言，始终只考虑统治阶级最优秀的力量。在资本主义之前的时期，这些力量所处的情况使他们可以将其能力服务于文化。与此相反，资本主义恰恰将这些力量变成像工人一样的生产奴隶，即使资本主义对其奴隶制在物质层面的评价完全不同。

摆脱资本主义意味着摆脱经济的统治。文明虽然实现着人对自然的统治，但人自己也因此陷入那些给予了他机会统治自然的手段的统治之下。资本主义标志着这种统治

---

① 参见恩格斯《论住宅问题》，载《马克思恩格斯选集》第 3 卷，人民出版社，2012 年，第 199 页。——译者注

的顶峰。在资本主义中，根本没有任何阶级由于其在生产中的地位而被赋予创造文化的使命。资本主义的毁灭，共产主义社会正是在这一点上抓住了问题的所在。它想建立这样一种社会秩序，在这种社会秩序中，每个人都被赋予这样一种生活方式，在资本主义之前的诸时期，只有统治阶级拥有这种生活方式；但在资本主义时期，没有任何一个阶级能处于这种情况。

由此，人类的历史才真正开始。正如旧意义上的历史始于文明，而人类与自然的斗争被归类为"史前"时代一样，未来时代的历史书写将随着发达的共产主义开启真正的人类历史。那么，文明的统治将被视为第二个"史前"时代。

2

因此，资本主义社会秩序最重要的标志是：经济生活不再是社会生活功能的手段，它已经转移到它的中心，它已经成为目的本身，成为每一种社会活动的目标。这样做的第一个也是最重要的后果是，社会生活转化为一种大型的交换关系，整个社会成为一个巨大的市场。在诸单个生活功能中，这一事实表现为：资本主义时代的每一种产品以及每一个生产者和创造者的所有能量，都披上了商品形式的外衣。一切事物本身不再因其本身内在的（例如，艺术、伦理）价值而具有价值，而是只有作为可以在市场上出售或购买的商品才具有价值。这对任何文化的巨大破坏性，无论是表现在行为上，还是艺术作品创作上，抑或是制度上，其作用无须进一步分析。正如人从维持生活的担忧中独立出来，自由地利用他的力量，作为目的本身，是文化的人类性和社会性的先决条件，因此，文化所产生的一切，只有当它本身有价值时，才具有真正的文化价值。一旦它呈现出商品的特性，并且融入将其转化为商品的关系中时，它的自主性、文化的可能性就结束了。

但资本主义也在另一点上对文化的社会可能性从其根源上造成侵害。这一点就是它与文化产品的产生之间的关系。正如人们所看到的：从产品的角度来看，如果产品本身没有承载其目的，文化就是不可能的。从产品与其生产者之间关系的观点来看，只有当每个产品从其创造者的角度而言是一个统一的、自成一体的过程时，文化才是可能的。而且这样一个过程的条件，取决于人类的可能性和创造者的能力。这样一种过程最典型的例子是艺术作品。在此情况下，作品的整体产生完全是艺术家劳动的成果，而产生了的作品的每一个细节都决定于艺术家的个人特质。在资本主义之前的时代，这种艺术精神主导着整个工业。书的印刷曾经在本质上与书的书写并无不同，同样一幅画作与制作一张桌子一样（就创作的人类特征而言）区别甚微。与此相反，资本主义生产不仅剥夺工人对生产资料的所有权，而且由于劳动分工的不断发展和日益专业化，它将产品形成过程划分成若干部分，但其中没有一个部分产生出对自身有意义且自成一体的东西。没有一个工人的劳动与成品有直接和可感知的联系，这种产品只对资本家的抽象计算有一种意义，只作为商品才是有意义的。这种情况的非人道性随着机器工业的普及还在加剧。因为随着制造业内部出现的劳动分工，尤其是制造过程高度分解和分割，单个局部产品的质量必定受到工人体能和精力的制约；与此相反，在发达的机器工业中，产品和生产者之间的所有联系均被取消。即生产过程完全因此受制于机器的可能性；人为机器服务，适应机器；生产变得完全独立于人类的可能性和工人的能力。①

除了这些破坏文化的力量（迄今为止我们仅从单个、孤立的产品和生产者的角度所考察的）之外，还有其他与之类似的力量在资本主义中发挥作用。当我们考虑所生产产品的相互关联时，我们就会注意到其中的最重要者。资本主义之前诸时代的文化之所以成为可能，是由于诸单个文化产品相互之间存在着一种连续关系；一个产品是在对另一个产品所提出的难题中得以继续发展，等等。因此，整个文化显示出某种缓慢而有机发展的连续性。如此，在

---

① 许多人将这个过程与机器工业的技术分工联系起来，并提出问题：似乎因此即使资本主义垮台，这种分工也必定继续存在。这个问题可以在这里讨论，我只是注意到，马克思对此事有不同的看法。他是如此看待事情的，即"作坊内部的分工和社会内部的劳动分配"是互成反比的关系；在一个社会中，如果一方得到发展，另一方就会衰落，反之亦然。（参见《马克思恩格斯全集》第4卷《哲学的贫困》，人民出版社，1965年，第166页。——译者注）

每个领域里就都有可能出现一种相互关联的、明确的但又具有原创性的文化；这样一种文化的水平远远超过最有价值的但却通过孤立的个人能力可能产生出来的水平。通过对生产过程的彻底变革，通过生产的无政府状态将生产的这种革命性质的持续化，资本主义已将旧文化中这种连续的和有机的东西扬弃了。因为对于文化而言，一方面，生产的彻底变革意味着生产过程持续产生出对生产的进程和类型有决定性影响的要素，且这些要素与产品的本质——作品作为目的本身——并没有任何关联（这样，材料的真实性就从工业中，从建筑中消失）。另一方面，由于为了市场的生产，没有它，资本主义生产的革命化就是无法想象的，在产品的生产中，纯粹新颖的东西，诸轰动性的引人注目的要素显现出效用，无须考虑产品真正的、内在的价值是否因此得以提升还是减少。这种革命性质的文化反映就是人们常称为时髦的现象。然而，时髦和文化在本质上是相互排斥的概念。时髦的统治意味着投放市场诸产品的形式、质量在短时间内将发生变化，不受它们是否在美观性或实用性方面经得住考验影响。这样一种市场的本质，要求在一定时期内必须生产出与以前的事物截然不同的新东西，而且这些新东西不可能依据以前积累的诸生产经验。由于发展的迅速，这些经验甚至无法得以积累和阻断，或者真的就没有人愿意依靠它们，因为时髦的本质恰恰就是要求与旧的完全偏离的东西。这样一来，每一个有机的发展都会慢慢消亡，取而代之的是一种被无方向性的来回驱使和一场空洞而张扬的业余爱好活动。

3

但是，资本主义文化危机的根源甚至比到目前为止所描绘的诸现象更深。其不断出现危机和内部崩溃的最终原因在于，意识形态与生产秩序和社会秩序处于一种不可调和的相互对立之中。作为资本主义生产无政府状态的必然后果，资产阶级在为统治而斗争并进行统治时，只能有一种意识形态，即个人自由的意识形态。因此，当意识形态与资产阶级社会秩序陷入对立之时，资本主义文化的危机必定出现。只要新兴资产阶级——如同在18世纪——将这种意识形态集中指向了对等级社会制约性的反对，那么这种意识形态就是阶级斗争既定形势的适当表达。这样一来，这个时代的资产阶级曾经能够拥有过一种真正的文化。但是当资产阶级（在法国大革命中即已）上台时，就曾经表明，如果没有那种社会秩序的自我扬弃与个人自由思想（当它作为其意识形态产生时），就不可能认真地贯彻这种意识形态，并将其运用于整个社会。简而言之，对于资产阶级来说，他们的自由思想也不可能适用于无产阶级。但这种形势无法解决的冲突是：资产阶级要么不得不放弃这种意识形态，要么就必须用它来掩饰与其相对立的行动。在第一种情况下，一种毫无理念，一种道德混乱就会随之而来，此时，资产阶级就由于其在生产中的地位，无法产生出不同于个人自由意识形态的一种意识形态。在另一种情况下，资产阶级面临内心谎言的道德危机：被迫违背自己的意识形态行事。

由于自由的原则也不得不在经济上陷入一种无法解决的矛盾之中，这还使危机严重起来。在这里，我们的任务不会是探讨对金融资本时代的分析。而只是必须指出事实：以这种方式形成的慷慨的生产组织（卡特尔、托拉斯）与早期资本主义社会秩序的主导理念即自由竞争之间有着不可调和的矛盾。然而，与之关联的意识形态也随此失去一切基础。由于资产阶级的诸上层遵循金融资本的本质，成为他们以前的敌人——农业封建阶级的天然盟友，那么它们新的意识形态也必须在其新盟友方面去寻找。但这种调和意识形态与生产秩序的尝试也必定会失败。因为诸保守主义意识形态的现实基础、封建等级划分及其相应的生产秩序，恰恰通过在金融资本时代达到其高潮的生产的资本主义革命化，从社会中彻底被根除了。然而，封建主义确曾拥有一种高价值和高水平的文化。但这是在封建等级社会占主导地位的一个时期，即当整个社会及其生产受其原则调控之时。随着资本主义的胜利，这种社会形式就被摧毁了。徒劳的是，大部分经济和社会权力仍然掌握在曾经的统治阶层手中。这些也采用资本主义诸形式的阶层自身的资本化过程是无法被阻止的。然而随此，对于这些阶层来说，与资本主义情况相同的意识形态与生产秩序之间的矛盾冲突就产生出来了，即使这种矛盾在他们那里的表现不同。因此，当资产阶级在金融资本时代寻找复兴之水时，它其实是在由自己注满的井中进行寻找。

从文化的角度来看，意识形态和生产秩序之间的这种对立意味着：旧文化（希腊文明、文艺复兴）之所以伟大，是因为一旦意识形态和生产秩序相协调，文化产品就能从社会存在的土壤中有机地发展起来。无论最伟大的文化作品比普通人的内心世界高出多少，它们之间却总是存在着某种关联。但比文化产品在社会生活内部这种地位更重要的是，意识形态与生产秩序之间的协调使意识形态与生活方式之间理所当然的协调曾经成为可能（人类进行生活的方式取决于其在生产中的地位，这一点无须详细阐述）。然而，在任何社会秩序中，如果生活方式与其在意识形态上的表达处于自然的、理所当然的相互协调状态中，那么意识形态所采取的形式就有可能以有机的表达出现在文化产物中。但这种有机的统一性只有在这样一些条件下才是可能的。因为意识形态诸元素与其经济基础之间的相对独立性意味着：它们作为人类表达的一些形式，根据其形式价值和形式有效性，独立于那些通过它们形成的、通过那个时期的经济和社会秩序赋予它们塑造自身的给定条件。但这些形式所形成的物质材料只能是社会现实本身。但是，如果意识形态和经济秩序之间存在有本质的对立，那么，就我们的问题而言，这种对立必定如此表达出来，以致文化所表示的意见的形式与内容就相互陷入矛盾之中。然而

169

与此同时，文化作品的有机统一，其和谐的、令人愉悦的本质，就不再对表明文化态度的人们的观点表达出这种状况——这曾经是旧文化的一个主要特征。资本主义的文化，只要它是诚实的，就只能存在于资本主义时代的无情批判中。这种批判往往会上升到很高的水平（左拉、易卜生），但越诚实、越有价值，它就必定越缺乏旧文化中简单而自然的和谐与美——最真正意义上的文化表述。这种矛盾存在于人类表达的所有领域，存在于文化物质材料的整个领域。因此，资本主义社会秩序——仅举一个非常明显的例子——必然从自身、从其自由意识形态中产生出以人类作为目的本身的理念。不得不承认，在资本主义之前的年代里，这个伟大的理念从来没有像恰恰在（德国古典唯心主义）这个时期一样，得到过如此纯粹、清晰而有意识的表达。但正是资本主义的社会秩序反而比任何其他社会秩序更加践踏了这一理念。在资本主义中，"一切变成商品"的过程并没有随着所有产品成为商品而停止。它也蔓延到人际关系中，只要想想婚姻即可明了。意识形态、文化取向的内在必然性，一方面，要求所有文化产品都要将人作为目的本身加以宣扬；另一方面，通过这些文化形式塑造的物质材料却是对这种理念鲜活的否定。因此，例如，资本主义有价值的文学作品不可能是对那个时期的简单再现（但譬如希腊文学作品永恒的美正是从这种不加批判的自然再现中焕发光彩），而只能是对持存东西的批判。

4

现在让我们从文化的视角来考察一下，对社会的共产主义改变意味什么。它首先意味着经济对整个生活的统治的终结。因此，它意味着人与其劳动之间不合适的冲突关系（按照这种关系，人从属于生产资料，而不是生产资料从属于人）的终结。归根结底，这种社会秩序意味着对经济作为目的本身的扬弃。当然，资本主义社会秩序已将其结构深深植入每个人的思想世界，以至于职业很少的人意识到改变的这一面。更多的原因在于，即使在征服权力之后，改变的这一面也还不能在生活的表面现象中透露出来。对经济的统治，即对经济实行社会主义的组织，意味着对经济自主性的扬弃。迄今为止，经济过去一直是一个具有自身规律性的自主过程（只能通过人类理性对自己的规律性进行认识，但人类理性不能由其进行指导①)，而现在则正成为国家行政管理的一部分，成为一种有计划的、不再由自身一些规律控制的过程的一个部分。

因为，这种统一的社会过程的最终动因已经不可能再

---

① 这种社会境况的反映就是作为独立科学的国民经济。在国民经济发展之前，其现代意义上的经济学也已成为可能——随着一个的终结，另一个也必定终结。因此，将国民经济的规律视为永恒的，即完全有效的自然规律，是一种纯粹资本主义的意识形态。

是经济的本性。即使在这里，表面现象也与这种说法相矛盾。因为清楚的是，除非在经济基础上，由经济机构在经济思想的引导下行事，否则对生产进行重组，在实践和理论上都是不可能的。此外，不言而喻的是，与阶级斗争的本质相适应，在意味着阶级斗争高潮的专政阶段中，经济斗争的一些问题也处于经济重组时的首位。但这决不意味着以这种方式进行着的过程的最终原因也会是经济的本性。无产阶级专政在每一领域带来的职能转变也在这里出现。在资本主义期间，任何一种意识形态要素都只是革命性进程的"上层建筑"，并最终会导致资本主义的崩溃。现在，这种关系正翻转过来。我的意思不是说，经济的重组将变成纯粹的"上层建筑"（这个表述甚至在意识形态方面也不是最恰当的，因为它也引起了太多的误解），但可以平静地说，经济的优先权正在丧失。即使我们对这个问题只作一点辩证的考察，表面上与这种说法相矛盾的东西也是支持这一说法的。在资本主义社会的诸危机中，意识形态的部分始终处于社会意识的前沿。这并不是偶然发生的，而是由于发展的最终诸推动力量决不可能完全在由它们所推动的群体中被意识到。相对于这些危机和彻底变革，对资本主义的"批判"具有一种揭示性特征：它指出了真正的、最终的推动力量，即经济过程。随着资本主义的垮台，迄今为止一直作为批判起作用的观点在重新构建中受到重视，这是最自然不过的。问题只是，这种职能转变是否扬弃了它在其早期功能中作为"最终"动机的性质？迄今为止所发生的东西已经表明，这种职能转变已将其真正扬弃了。因为只有在整个生产无组织性时，经济动机才被视为最终的动机。只有无组织生产的推动力量才能作为自然力量、作为一些盲目的力量发生作用。也只有这样，它们才能是一切的最终推动者，每一个意识形态要素要么适应这一过程（成为上层建筑），要么徒劳与之对立。因此，资本主义的任何非经济因素都是纯粹意识形态的。唯一的例外是对整个资本主义社会的社会主义批判。因为这种批判不是对一些个别过程的赞同性或谴责性的意识形态伴随，而是对整体的揭示：这种对经济过程的全面揭示，同时也是一种对其改造的有效行动。然而，改造的不仅仅是无组织性，同时还有随此而来的经济生活的自主性，最终被经济动机所引导。通过朝社会主义的方向来组织经济生活，那些以前充其量只能是伴随现象的动机成为适合的引导：人的内在和外在生活不再受经济的动机，而是受人性的动机所支配。因此，在这样一些条件下，经济生活的彻底变革比那些最终推动它的意识形态要素恰恰更处于革命性意识的显著地位，这现在不再会使我们感到惊讶。在无产阶级的意识中，这种职能转变过程必然随着无产阶级的胜利而发生。在无产阶级群众中，这是有意识的阶级斗争的直接延续：迄今为止，阶级意识的本质始终在于唤起对经济利益的意识。仅仅是向社会主义建设工作——其最终结果就是这种职能转变——的过渡，甚至不会触及直接阶级利益的意识，可以说，这样的过渡是"无意识"发生的。只有充分的阶级意识，即意识到无产阶级超越眼前利益的世界历史使命，才能将这种动机、这种职能转变提升进无产阶级的意识中去。①

这种职能转变为新文化的产生提供了可能。因为文化同样也意味着人对其周围环境的内部支配，正如文明意味着人对周围环境的外部支配一样。如文明创造了支配自然的诸手段一样，这些手段正通过无产阶级文化，为了支配社会而被创造出来。因为正是文明及其被发展了的形式——资本主义，面对社会、生产和经济，最大程度上发展了对人的奴役。

文化的社会学先决条件是人作为本身目的。在资本主义之前的诸社会中诸统治阶级曾经被赋予过的这个先决条件，被资本主义从每个人那里夺走了，而无产阶级胜利的最后阶段则又为每个人创造了这个先决条件。意味着整个社会结构彻底改造的改变，当然涉及我们在分析资本主义时已经提到的其有文化破坏作用的现象。

因此，随着经济的组织化，其革命性的和革命化的性质在终结。由经济周期创造的无政府主义的更迭，也就是我们常说的时尚，被有机的连续体、真正的发展所取代。在这种发展中，每一个单个的要素都必然从前一个要素的专业先决条件中产生出来。因此在这样一种发展中，每一

---

① 参考文章：《阶级意识》，见《共产主义》第 14/15 期。（这篇文章收录于《历史与阶级意识》）。

个别要素都从先前要素的诸专门条件中产生出来。所以，在此发展中，每一个要素就带来前一个要素遗留难题的解决方案，同时也给下一个要素提出要解决的难题。源于事物本质（而不是源于经济周期）的这样一种有机发展的必然文化结果就是，文化的水平可以再次超过单个孤立个人的个人工作能力。与他人的工作联系起来，继续他人的工作——文化的第二个社会学先决条件再次成为可能。此外，文化产品和人际关系的商品性质也在消失。商品关系的扬弃使得在资本主义统治下完全或主要在经济关系中发挥作用的一切事物重获其以自身为目的的性质。然而众所周知，文化可能性的依据在于，越来越多的人类生活表达形式越来越深刻和尖锐地成为目的本身，或者意味着：它们一定为人的人类本质服务。因为这两种"为自身目的存在"的方式并不互相排斥；相反，它们互相服务，互相补充。如果某个产品（房屋、家具等）不是作为商品生产出来，而是以将其自身美的可能性提高到最高水平，那么这同样意味着：就好像我们说，房屋、家具是为人的人类存在服务的，它们符合这些美好的要求。它们不是由一个独立于任何人类要求的经济过程所生产的，在这个过程中，这些产品仅作为抽象的商品发挥作用，而人则作为同样抽象的买者和卖者起作用。与此同时，资本主义不健康的专业化也必定在终结。当人们对生产的兴趣不通过抽象地致力于市场上的买卖来调节，而是通过已成为以自身为目的的产品的生产与享受的统一且包括人类整体的过程来调节时，专业化也将经历意志的职能转变。在无产阶级社会中，不仅其阶级性质将消失，而且其与人类生活本质相异的性质也将消失。随着诸产品作为自身目的的产生，这些产品将不由自主地与人类生活的整体相吻合，与人类生活的终极问题相吻合。随着人类孤立化、无政府个人主义的扬弃，人类社会将在其个人和产品中均形成一个有机的整体，其中一些单独的部分相互支持和相互补充地将服务于其共同的目标：向人类高级阶段发展的理念。

5

随着这个目标的设定，我们已触到了问题的本质。如果新社会的目标只是增加人类纯粹的幸福和福祉，那么所有这些职能转变就不会发生，也就是说，它们的意义几乎不会被注意到。然后，无产阶级国家的任务可能就限于对生产和分配的正确组织，而经济生活可能将继续统治人类的原则——虽然目的有所改变。当然，那样的话，发展将会比现在更快、更直接地达到其目标。因为那时，发展将会随着生产和分配的正确组织化达到它的目标。现在则相反，它为此仅仅创造了为实现目标必不可少的先决条件。人类必须为实现这一目标而更加努力奋斗。

然而，经济的重组是这一目标设定的先决条件。不仅仅是因为上述社会学的诸多原因，也不是似乎只有幸运的人才有能力接受文化，而是因为人的意识的特有结构，此意识即眼前的痛苦和狂热，即使它们面临人类生存终极诸问题也还是很差劲的，但除了极少数例外情况，都隐藏在人的意识中，而还没有能力发生效用。为此我们用一个非常简单的例子来说明：有人在为一个伟大的科学发现而绞尽脑汁，这时他突然牙痛难忍；可以肯定的是，在大多数情况下，除非直接的痛苦得以缓解，否则他无法继续他的一系列思路。资本主义的消灭，经济的社会主义重组，对于整个人类来说就意味着治愈所有牙痛。一切阻碍人类生活的真正本质问题从他们的意识中正在消失：他们的意识现在将为本质开放。但这个例子也显示出转变的限度。当然，为了能够重新接受思想工作，牙痛必须结束，但同样可以肯定的是，工作随着疼痛的停止并没有自己自动开始。那么就需要一种新的努力、新的态度、新的活力和热情。劳动着的人类还没有随着他们所有经济痛苦的消失而达到其目标；它只是创造了能够以新的力量开始走向其真正目标的可能性。文化是人的人之存在的理念形态。因此，文化是由人创造出来的，而不是由诸情况创造出来的。所以，社会的每一次转型都只是形成框架，为人的自由自我活动、自发创造力创造可能性。

所以，社会学的研究必须停留在对框架的分析上。如何在内容和本质上将创造出无产阶级社会的文化，这完全由变得自由的无产阶级力量来决定，就此而言，任何一种预先说什么的尝试，都是可笑的。社会学的分析所能做到的，无非是表明了这种可能性正在由无产阶级社会创造出来，而且正在创造出来的只是可能性。任何其他的详细说明都超出这里可能进行的科学研究的框架；人们至多可以谈论的是，根据这个框架的本质，有哪些文化价值可以由新社会从旧社会那里继承并进一步发展。因为人的理念，作为目的本身（新文化的基本理念），是 19 世纪古典唯心主义的遗产。资本主义时代对未来建设的真正贡献在于，它自己创造了自身崩溃，并在其废墟上建设未来的可能性。正如资本主义自己产生了其毁灭的经济先决条件，正如它自己生产了通过无产阶级毁灭它的批判的思想武器（马克思与李嘉图的关系），因此即使在这里，在从康德到黑格尔的哲学中，它也创造着必然导致其毁灭的新社会的理念。

人名德汉对照

Anatole France　安那托尔·法郎士

Andre Szögyény　安德烈·索耶尼

Anthony Ashley-Cooper Shaftesbury　沙夫茨伯里伯爵

Arthur Schnitzler　阿图尔·施尼茨勒

August Strindberg　奥古斯特·施特林贝格

Bartolomeo Ammanati　巴托罗美奥·阿玛纳蒂

Beaumont-Fletcher　博蒙特—弗莱彻

Béla Balázs　贝拉·巴拉茨

Beleznai　贝勒兹奈

Benedetto Croce　贝内德托·克罗齐

Ben Jonson　本·琼森

Bernard Shaw　萧伯纳

Černov　切尔诺夫

Christian Friedrich Hebbel　克里斯蒂安·弗里德里希·赫
　　　　　　　　　　　　　　　贝尔

Dániel Job　丹尼尔·约普

Dostojewsky　陀思妥耶夫斯基

Dante Alighieri　但丁

Edmund Burke　埃德蒙·伯克

Émile Faguet　法盖

Endre Ady　安德烈·奥第

Eduard von Hartmann　爱德华·冯·哈特曼

Ferenc Herczeg　费伦茨·赫尔策克

Friederich Schlegel 弗里德里希·施勒格

Georg Hirschfeld　格奥尔格·希施费尔德

Georg Merklin 格奥尔格·默克林

Gilbert　吉尔贝特

Gorkij　高尔基

Gustav Radbruch 古斯塔夫·拉德布鲁赫

György Dózsa　捷尔吉·都扎

Hans Staudinger　汉斯·施陶丁格

Hans von Marées　汉斯·冯·马雷斯

Henri Bergson　亨利·柏格森

Henrik Pontoppidan　亨利克·蓬托皮丹

Hermann Keyserling　赫尔曼·凯泽林

Hugo von Hofmannsthal　雨果·冯·霍夫曼斯塔尔

Iwan Karamasoff　伊万·卡拉马索夫

János Erdély　雅诺斯·埃尔德利

Johann Gottfrid Herdder　赫尔德

Károly Kernstok　卡罗利·克恩施托克

Kipling　吉卜林

Klaus Heinrich　克劳斯·海因里希

Krishna Arjuna　克里希纳·阿诸那

Leopold Ranke 莱波尔德·兰克

Lorenzo de Medici　洛伦佐·德·美第奇

Margit Szélpal　玛吉特·塞尔帕尔

Marie Luise Gothein　玛丽·路易斯·戈泰因

Máté Csáks　玛太·科萨克

Medicäer　美第奇

Meister Eckehart　埃克哈特大师

Michelangelo　米开朗基罗

Oscar Wilde　奥斯卡·王尔德

Otto Ludwig　奥托·路德维希

Paul Verlaine 保罗·费尔莱纳

Plechanow　普列汉诺夫

Reginald Blomfield　雷金纳德·布洛姆菲尔德

Reinhold Lenz　赖因霍尔德·伦茨

Ropšin　罗波因

Samuel Taylor Coleridge　塞缪尔·泰勒·柯尔律治

Schelling　谢林

Selma Lagerlöf　塞尔玛·拉格洛夫

Simmel　席美尔

Stefan George　斯特凡·格奥尔格

Thomas Garrigue Masaryk　托马斯·加里格·马萨里克

Thomas Mann　托马斯·曼

Tönnies　特尼斯

Vazul　法祖勒

Vittorio Alfieri　维托里奥·阿尔菲耶里

Sir Wilhalm Tempel　威廉·坦普尔爵士

Willian James　维利安·詹姆士

Wladimir Solovjeff　弗拉基米尔·索罗夫耶夫

Wolfram von Eschenbach 沃尔夫拉姆·冯·埃申巴赫